上海哲社一般项目"当代英美功利主义研究"编号2018BZX004

Mill on
Utilitarianism

密尔论功利主义

[英] 罗杰·克里斯普 (Roger Crisp) ◎ 著

马庆 刘科 ◎ 译

人民出版社

献给我的父母

中译本序言

　　我很高兴也很荣幸为我的《密尔论功利主义》一书的中文版作序，并衷心感谢译者对《功利主义》准确而流畅的翻译。约翰·斯图尔特·密尔（John Stuart Mill）是世上最伟大的哲学家之一，《功利主义》虽然写于差不多两百年前，但在今天依然重要、有用。正如我们西方人在孔子、孟子和许多其他中国哲学家那里受益匪浅一样，我相信身处中国的诸位也会在阅读和思考密尔的哲学中获得启发甚至愉悦。

　　本书是"道德哲学"或"哲学伦理学"的著作。那又是什么呢？我想说，对我们每个人而言，最重要的实践问题是公元前5世纪古雅典（希腊）的苏格拉底所提出的问题："我应该如何生活？"我们中的许多人，只要不是生活在极端贫困中，就有许多可能的生活方式。我们可以从事某些而非另一些工作，与某些而非另一些人建立关系，从事某些兴趣、活动而非其他，诸如此类。苏格拉底要求我们从所有这些可能性中退而观之，根据理性（reason）进行判断：我有什么理由（reasons）以一种方式而非另一种方式生活，尤其是以一种方式而非另一种方式来行动。因此，道德哲学的重点是行动，尤其是我们可以选择以特定方式来行动。

　　当我试图回答苏格拉底问题时，我会思考我的生活。也许有人认为这会

1

不考虑他人的生活以及更广泛的政治。但并非如此。我知道我的行动可以以许多方式影响他人的生活，并且我可以为集体的政治目标做出贡献，例如与气候变化或不公正作斗争。有一种理性利己主义（rational egoism）的观点，依其所言，从我自己来看，我自己的生活实际上是唯一重要的事情，这种观点我在下面马上就会谈到。但是，苏格拉底问题并不能直接导致利己主义的回答。

回答一个人要如何生活这一问题有一种相当具体的方式：例如，你应该当医生，你应该与那个人建立长期关系并生育两个孩子，你应该发展你的钢琴天赋。这些具体的答案显然是很有帮助的——如果它们是正确的！如果为你提供了这样的答案，你将要问一个更一般的问题：是什么让我就应该做这些事情？在这里，我们正朝着哲学伦理学的方向前进，寻求为行动的理由提供一些普遍、一般、最终的原则，在考虑当前事实的情况下，这些原则可以用来做如下的判断，即人们在其所处的境况下有理由去行使哪些更特定的行动。

在我继续讨论其中一些原则之前，我先谈谈别的。许多人一想到有些原则，特别是道德原则，可能要求我们牺牲自己的福祉，都会有一些直接的担忧。第一个担忧是心理利己主义（psychological egoism），依其所言，所有人在做出有意识的选择时，总会选择那些他们认为对自己最好的事物，人们能做的不过如此。对于这一点，一个直接的回应是指出意志薄弱的现象，人们经常有意识地选择他们知道对自己更糟的结果。因此，这个原则可以进一步地说，人应该选择一个对自己最好的事物，不应该意志薄弱。

另一个问题在于，"事实"（facts）就是我们应该做的，这种"事实"看来有些奇怪，令人费解。在我们决定世界上存在的事物时，难道我们不应该只听科学家的吗？科学家们并没有表示，他们发现了有关我们应该如何生活的事实。对这个说法，有三种回应：（i）我们应该只听科学家的，这一原则是自我反驳的（self-refuting），因为任何这样的原则本身都不是科学发现的；(ii) 很多事情看上去是无法用科学来解释的，诸如意识；(iii) 没有理由认为必须根据自然科学来对世界做出唯一的解释；例如，许多人会接受，如果我这样做可以避免一些极为惨痛的经验，那么我就有强烈的理由去行动，如果是这样，那这是一个明显的事实。

第三个困难在于分歧。关于我们应该如何生活，人与人之间似乎存在并且已经存在太多的冲突，以至于将这种分歧解释为一种混淆似乎更加方便：没有此类事实，而那些彼此之间的分歧只是没有认识到这一点。但是很难看出为什么我们必须认为这个更方便的解释在总体上更好。想想过去那些认为地球是平的人与认为地球是圆的人之间的分歧。在讨论和关注证据之后，大多数人都汇聚在后一种观点上。也许我们应该如何生活这个问题在以后也会这样。

哲学家对我们应该如何生活这个问题给出了什么样的回答？林林总总，可以用许多不同的方式进行分类。但主要的三分法是由亨利·西季威克（Henry Sidgwick）在其著作《伦理学方法》中明确提出的，并成为典范。西季威克是密尔的晚辈，该书于1874年首次出版（最好的版本是1907年出版的第七版，可免费在线获取）。西季威克观点的要义是，对苏格拉底问题有三种理论上的回答：(1) 理性利己主义，依其所言，我行动的所有理由都是基于提升我自己的福祉或善好。(2) 后果主义，依其所言，我应该采取的行动是要产生整个世界上最好的结果，而不是对我自己而言的最好结果；(3) 义务论，依其所言，某些行动不应该做的理由不取决于其后果，例如违背诺言或惩罚无辜者。

自古代哲学家以来，理性利己主义就一直是西方的主流观点。在20世纪初，它开始衰落，尽管它仍然被哲学界之外的许多人广泛接受。利己主义有一个非常严重的问题，当人们意识到利己主义时，倾向于使他们放弃这一理论：它不给他人的福祉以任何分量。想想这样一种情况，你可以在丝毫无损的情况下阻止成千上万的人遭受多年的可怕惨痛境况。根据利己主义，这种巨大的痛苦并不让你有理由去提供帮助。这个问题已导致许多人接受所谓的"否决权利己主义"（veto egoism），依其所言，他人的福祉可以作为行动理由的基础，但决不能凌驾于那种提升自我利益的理由之上。这种观点可以让人在上述情况下提供帮助。但是，否决权利己主义几乎与标准的理性利己主义一样，难以言之成理（implausible），因为它表示，如果你要付出任何一丝代价，你就不应去阻止那种巨大的痛苦。而大多数人都相信，即使你要为此付出小小的代价，你也当然应该阻止那种痛苦。

迄今为止，后果主义最流行的形式是功利主义。密尔就持这种观点，我会在稍后详细讨论。功利主义本质上是这样一种想法：我们应该采取行动以产生世界历史上最大的幸福净值。密尔之后的西季威克以及其他人发展了这种观点，使其高度精巧。但到了 20 世纪，它受到当时许多最有影响力的道德哲学家的广泛攻击，其中就有伯纳德·威廉斯（Bernard Williams）和约翰·罗尔斯（John Rawls）。该观点被描述为似乎是"常识"道德与义务论的完全对立面。但这是一个严重的错误。依据常识道德，在其他条件相等的情况下，你应该产生最大的幸福净值。换言之，功利主义原则本身就是常识道德的一部分。常识道德或义务论不同于功利主义之处仅仅在于包括其他原则，诸如守诺的原则，承诺就应该得到遵守，而不论其后果如何。

生活在 18 世纪的德国哲学家康德（尤其是他的《道德形而上学的基础》）在 20 世纪成为西方义务论传统最著名的支持者。功利主义与义务论的冲突之处何在？他们之间有大量重叠之处，但即使它们都同意某种行动是正确的，它们也大有可能在为什么该行动是正确的这一点上存在分歧。想想对罪犯的惩罚。依功利主义者，罪犯应该受到惩罚，因为这样既可以改造犯罪分子，又可以威慑他人免犯类似罪行；依康德和其他义务论者，罪犯应该受到惩罚，是因为他们做了错事，所以应该得到惩罚。于是，这里的证成（justi-fication）是"回溯式的"（backward-looking），而功利主义则完全是"前瞻式的"（forward-looking）。

那么所谓的"美德伦理学"又是什么？它在过去 60 年里出现在西方哲学中，经常被视为是功利主义和义务论的替代物。依其支持者所言，一个功利主义者说某种行动是正确的，因为它在总体幸福上有最好的后果，一个义务论者说一种行动是正确的，因为它是依照某些规则或者是某种类型的行动，而美德伦理学者会论辩说，一个行动是正确的，因为它是由一个有德之人做的。但美德伦理最好被看成是义务论的一种形式，因为有德之人做事情的理由在于，例如，它们构成了守诺或阻止了某些不应得的痛苦。没有一个有德之人会认为，人们喜欢他们去做，就是他们这样做的理由。

现在让我们回到功利主义，特别是密尔的功利主义。首先，有人可能会想，为什么我们要读像密尔这样的人写的书，那些书的写作时间距今年代已久，写作环境又是如此不同。这个问题的答案隐含在我上面的话中。就我们应该如何生活这个问题，苏格拉底、密尔、孔子和所有哲学家所给出的答案是普遍的。而密尔在他的作品中所面对的问题——社会的性质、我们对彼此的义务、正义、自由等——迄今依然如故。你可以从他身上学到很多东西，而你现在读的这本书就是尝试告诉你能学到多少。

我对密尔的言论做了一些解读。我是在表示这些解读是正确的，而其他所有的解读都是错误的吗？完全不是。任何文本都可以有许多不同的解读。有些解读明显是错误的，但通常会有一系列可接受的或合情合理的解读，我提呈给诸位的论辩就是其中之一。解读一个文本有点像玩有难度的拼图游戏。总会有一些片段是在最后被迫相当困难地融入整体画面中。但我希望你们会发现我的解读至少和其他哲学史家的解读一样合情合理。

我说过，密尔的观点是功利主义的，我们可以看到，他的功利主义有四个主要组成部分。第一个是福利主义（welfarism），依其所言，伦理学中最重要的是特定个体的福祉或幸福。第二个是快乐主义（hedonism），这个观点是说幸福实际上在于：快乐净值，也就是个人生活中快乐与痛苦的总余额。第三个是最大化原则，依其所言，正确的行动是产生最多总体幸福的行动。在这方面，密尔被认为是一个行动功利主义者。大多数功利主义者都是行动功利主义者，但是有些（例如，理查德·布兰德［Richard Brandt］和布拉德·胡克［Brad Hooker］）是规则功利主义者，他们申辩称，一个行动之所以正确，不是因为这个行动使得幸福最大化，而是因为它依照了一套规则，这套规则如果被大多数人接受，就会产生最大的总体幸福。这种"理想"理论与行动功利主义有很大的不同。密尔的一些文字表明，他可能持有一种形式的规则功利主义，但正如我希望在书中所展示的，这些文字是不确定的，还有一些文字看起来明显是行动功利主义的意图。密尔观点的最后即第四个部分，是他推荐道德思考的不同层次。有人可能会认为，行动功利主义会建议人们尝试产生最大的幸福。但他们之所以这样建议，只是因为他们认为这种尝试总是成功的，但我们有充分的理由认为这种尝试不会成功：功利主义计算所占用的时间本可以更有成效地利用，在做这些计算时，人们经常自欺、有偏见，以及他们也许就会犯些简单的错误。密尔相信，我们必须掌握一套经过多代人尝试和检验过的实践规则：常识道德原则（不撒谎、不偷窃、守诺、不杀害或伤害他人，等等）。总的来说，相较于把行动功利主义付诸实践，遵循这些规则会产生更多的总体幸福，所以功利主义本身建议遵循这些规则。

如果规则发生冲突怎么办？在这种情况下，我们应该尽可能地运用行动功利主义原则来解决冲突，决定如何行事。常识道德的某些成分对幸福的贡献会不会比它们原本要少一些？当然，这也是密尔建议他那个时代的人们应该重新考虑他们对女性的态度（见他的《妇女的屈从地位》）的原因。现在，行动功利主义者可能会对最近的"黑人的命也是命"（Black Lives Matter）运动感到高兴，该运动鼓励人们普遍反思自己对少数群体成员的态度。这样，功利主义的思考既是激进的（它可以导致重大的变化），也是反思和渐进的。除非在非常特殊的情况下，否则它不是一种革命主义的学说。

功利主义是一种非常有吸引力的道德观——它的理想，即（所有有感众生的）最大程度的幸福，似乎很值得去尝试实现。但它的所有形式都面临问题，密尔的功利主义形式的问题并不比其他功利主义形式的少。我们首先考虑密尔的福利主义。反对者可能申辩称，除了个人福祉之外，还有其他价值来源，如艺术、美德或正义。可以这么说，这些其他价值观的存在就是善好的，而与它们可能对幸福产生的任何影响无关。

现在来看看密尔的快乐主义。许多人会申辩称，生活不仅仅是快乐，没有痛苦。毋宁说，我们关心的是我们的友谊，关心的是了解这个世界，关心的是用我们的生命完成一些事情，关心的是意义……密尔本人试图通过区分快乐的"质量"和"数量"来解决这个问题，但正如我在下面将要表示的，这个想法虽然巧妙，但也面临一些困难。

正如我上面所说的，常识道德认为，在其他一切相等之时，幸福最大化是一个好想法。但人们会说，事情并不相等。不偏不倚的最大化可能导致我们不去履行对我们亲近之人，例如我们子女的义务。它可能导致巨大的不平等，或其他种类的不公正。它可能导致我们违背诺言，杀害无辜的人，撒谎，等等，即使所有这些行动在某些情况下可能产生最大的总体幸福。功利主义者通常会回应说，他们可以应对这些异议，因为他们事实上在实践中推荐的是常识性的道德思考。但是这种回应在任何情况下都不成功。义务论者会相信违背诺言本身就是错误的，他们对功利主义者的以下反对也是正当的，即使功利主义者可能能够说服我们遵守诺言，但功利主义者也不能说这是因为违背诺言本身就是错误的。

回到西季威克的三种理论：利己主义、功利主义、义务论。哲学伦理学的现状是什么？在我看来，一切如故。没有人有资格确定这些观点中的哪一个是正确的。事实上，我相信，西季威克的暗示是正确的，因为对这些理论存在如此多的分歧，我们应该搁置判断：没有人有理由相信他们已经掌握了真理，而其他同样聪明的人却走向了谬误。但是，搁置对自己观点是否正确的判断，并不是要停止以下做法，即一个或另一个立场看起来更言之成理，继而将此告知其他人，并与其讨论。以这种非教条和宽容的方式来做哲学，我们才能以最好的方式回答苏格拉底的问题，而这也是密尔极力推荐的。密尔知书达礼，见解深刻，知识渊博，他是值得我们特别尊敬和关注的思想家之一，我希望你们读完此书，更重要的是读完密尔自己的作品后，也会深有同感。

罗杰·克里斯普

牛津马斯顿旧区

2021 年 5 月 5 日

致　谢

　　我感谢以下人士对本书倒数第二稿所做的全部或几乎全部极为有益的评论：詹姆斯·格里芬（James Griffin），爱德华·哈科特（Edward Harcourt），布拉德·胡克（Brad Hooker），托马斯·胡尔卡（Thomas Hurka），德里克·帕菲特（Derek Parfit），约翰·斯科鲁普斯基（John Skorupski），韦恩·萨姆纳（Wayne Sumner），埃里克·崔·詹姆斯（Eric Tsui-James），乔纳森·沃尔夫（Jonathan Wolff）；感谢以下人士对正文主要内容同样有益的评论：约翰·布鲁姆（John Broome），蒂姆·恩迪科特（Tim Endicott），塞西尔·法布尔（Cécile Fabre），艾伦·海沃斯（Alan Haworth），安德鲁·梅森（Andrew Mason），安德鲁·摩尔（Andrew Moore），马克·尼尔森（Mark Nelson），英格玛·珀森（Ingmar Persson），彼得·桑德（Peter Sandøe）和托尼·舒曼（Tony Shooman）。1995 年 8 月，我在摩尔多瓦地区肯普隆格（Cîmpulung Moldovenesc）做了一系列关于密尔功利主义的讲座，很感谢布加勒斯特大学哲学系的师生就此提出的深刻见解。我特别感谢瓦伦丁·穆里桑（Valentin Muresan）邀请我进行这些讲座。1996 年 4 月，哥本哈根大学的生物伦理研究团队（Bioethical Research Group）组织了一场关于本书草稿的研讨会，我从中受益匪浅。感谢克莱门斯·卡珀尔（Klemens Kappel），

1

尼尔斯·霍尔图格（Nils Holtug），卡斯腾·延森（Karsten Jensen）和卡斯帕·利伯特–拉斯穆森（Kasper Lippert-Rasmussen）。1995年12月，牛津大学的迈松·弗朗西斯中心（Maison Franchise）举办了"密尔及其同时代的法国思想"的研讨会，我提交了一篇关于密尔和托克维尔自由主义的论文，迈克尔·罗森（Michael Rosen）的回应对我有所帮助。我还受惠于那些参加了我在牛津大学1995年秋季学期所开设的关于密尔的研究生课程的同学，以及过去十年来随我学习密尔的许许多多本科生同学。感谢菲利普·斯科菲尔德（Philip Schofield）就边沁提出的建议，也感谢伯纳德·威廉斯（Bernard Williams）向我解释了他关于完整性（integrity）的观点。感谢牛津大学圣安妮学院事务委员会，英国国家学术院（The British Academy）以及牛津大学的带薪假期，这大大加快了本书的写作速度。本书献给我的父母，托尼·克里斯普和达芙妮·克里斯普，对于他们一如既往的支持，这只是微不足道的回报。

罗杰·克里斯普

1996年9月

文本与参考文献说明

　　《功利主义》最早是作为三篇系列论文发表在 1861 年《弗雷泽杂志》第 64 卷（10 月：第一章和第二章，11 月：第三章和第四章，12 月：第五章）。在 1863 年，它首次作为著作出版。第二版出版于 1864 年，第三版则在 1867 年。我使用的文本是 1871 年出版的第四版，这也是密尔生前的最后一版（London：Longmans, Green，Reader and Dyer）。《密尔全集》（Mill 1961–91）以及我的《功利主义牛津哲学文本》（Mill 1997）使用的也是这一文本。

　　所有不带前缀的参考文献（如 2.2）指的是《功利主义》一书的章节数和段落数。那些带有前缀的参考文献也遵循同样的标注（如 L 1.9；参照 2.2）。

　　《论自由》与《妇女的屈从地位》的参考文献也是标注章节数和段落数，前缀则分别是 L 与 W（如 L 1.9）。对这些文本的引用都来自《密尔全集》（分别是第 18 卷和第 21 卷）。①

　　所有其他密尔论著的参考文献也来自《密尔全集》，标注的是卷数和页

---

① 　在《功利主义》《论自由》与《女性的屈从地位》这三本参考文献的英文标注后都另附上通行中译本的页码，分别为约翰·穆勒：《功利主义》，徐大建译，商务印书馆 2019 年版。约翰·密尔：《论自由》，许宝骙译，商务印书馆 2007 年版。约翰·斯图亚特·穆勒：《妇女的屈从地位》，汪溪译，商务印书馆 2019 年版。译文有时略有改动。——译者注

数。前缀如下：

A 《自传》(*Autobiography*)，1873。

AC 《孔德与实证主义》(*Auguste Comte and Positivism*)，1865。

AP 《詹姆斯·密尔对人类心灵现象的分析》(*James Mill's Analysis of the Phenomena of the Human Mind*)，1869。

B "边沁"('*Bentham*')，1838。

BHM "布莱克的《道德科学史》"('*Blakey's History of Moral Science*')，1833。

E 《对威廉·哈密尔顿爵士之哲学的考察》(*An Examination of Sir William Hamilton's Philosophy*)，1865。

O "论婚姻"('*On Marriage*')，1832–3。

R "论边沁的哲学"('*Remarks on Bentham's philosophy*')，1833。

SA 《逻辑体系》(*System of Logic Ratiocinative and Inductive*)，1843。

SD "塞奇威克的话语"('*Sedgwick's discourse*')，1833。

TD "托克维尔论美国的民主"('*Tocqueville on democracy in America*')，1835；1840。

TL "桑顿论劳工及其主张"('*Thornton on labour and its claims*')，1869。

W "胡威立的道德哲学"('*Whewell's moral philosophy*')，1852。

目 录

第一章 身处变革时代的教化者……………………………………… 1

　一、密尔的生平…………………………………………………… 1

　二、密尔伦理学的发展…………………………………………… 8

　三、解读密尔……………………………………………………… 14

第二章 福利与快乐………………………………………………… 19

　一、福利与伦理学………………………………………………… 19

　二、边沁的阐论…………………………………………………… 20

　三、海顿和牡蛎…………………………………………………… 23

　四、密尔的快乐主义……………………………………………… 25

　五、采取更高层次的依据………………………………………… 28

　六、一个所谓的两难……………………………………………… 31

　七、有能力下判断的人…………………………………………… 36

第三章 经验、欲望与理想………………………………………… 44

　一、真实经验与非真实经验……………………………………… 44

1

二、密尔的阐论与本真性的价值·················46

三、超越经验·················48

四、欲望阐论·················50

五、欲望与理性·················53

六、理想·················56

七、权威主义、意识、多元主义和植物·················60

第四章　功利主义的证明与约束力·················65

一、道德理论与方法论·················65

二、阶段1："可见的"与"值得欲求的"·················70

三、阶段2：从每个人的幸福到所有人的幸福·················75

四、阶段3：除了幸福之外再无他物值得欲求·················81

五、心理学与伦理学·················86

六、约束力·················88

第五章　什么是功利主义·················93

一、正确性与聚焦点·················93

二、实际论与或然论·················96

三、行动与规则·················99

四、道德思考的各层次·················103

五、苛求与规则崇拜·················109

六、分裂的心理与不同的话语·················115

七、分外之行·················120

八、惩罚与道德语言的起源·················122

第六章　完整性 …………………………………………………… 130

　　一、完整性与人的分立性 …………………………………… 130

　　二、道德能动性与责任 ……………………………………… 132

　　三、在自我与动机 …………………………………………… 136

　　四、疏离与苛求 ……………………………………………… 137

　　五、道德情绪 ………………………………………………… 143

第七章　正义 ……………………………………………………… 147

　　一、正义 ……………………………………………………… 147

　　二、密尔的揭穿论证 ………………………………………… 148

　　三、职责、权利与义务 ……………………………………… 153

　　四、报复、公平与应得 ……………………………………… 158

第八章　功利主义与自由：《论自由》 ………………………… 163

　　一、功利主义与自由主义 …………………………………… 163

　　二、对心灵的奴役 …………………………………………… 166

　　三、伤害他人 ………………………………………………… 169

　　四、冒犯与奴役 ……………………………………………… 172

　　五、愚蠢与品味堕落 ………………………………………… 175

　　六、表达自由 ………………………………………………… 178

　　七、真理的价值 ……………………………………………… 180

　　八、个性 ……………………………………………………… 184

第九章　功利主义与平等：《妇女的屈从地位》 ……………… 190

　　一、揭开婚姻奴役的道德面纱 ……………………………… 190

二、骑士精神与正义·····················192

三、婚姻、平等机会与女性的解放···············194

四、密尔的经验主义与意识形态的力量············197

五、变革的益处························200

参考书目···························205

索引·····························217

译后记····························222

第一章　身处变革时代的教化者

一、密尔的生平

《功利主义》(*Utilitarianism*) 是道德哲学中最令人瞩目的著作之一，其重要性不亚于亚里士多德的《尼各马可伦理学》(*Nicomachean Ethics*) 和伊曼努尔·康德的《道德形而上学基础》(*Groundwork of the Metaphysic of Morals*)。该书的作者就是 19 世纪英国哲学家，约翰·斯图亚特·密尔 (John Stuart Mill)。

约翰·斯图亚特·密尔的父亲詹姆斯·密尔 (James Mill) (1773—1836)，也是一位哲学家。詹姆斯出生自一个贫穷的苏格兰家庭，但是其母颇有志向。她不仅鄙视当地的闭塞，改掉了自家不那么高贵的姓 "米尔恩" (Milne)，而且也着力结交当地显贵。詹姆斯读书很用功，他 17 岁被选为约翰·斯图尔特 (John Stuart) 爵士女儿的家庭教师，并被送至爱丁堡大学读书。到 1798 年，詹姆斯获得牧师的资格，但大多数教徒却无法理解他的布道，他也就失去了以此为业的机会。在 1802 年，约翰·斯图尔特爵士为他提供去伦敦的路费，詹姆斯由此开始了他的编辑和作家生涯。三年后，他娶了一个约克郡寡妇之女哈里特·伯罗（Harriet Burrow）为妻，该寡妇的财富来自她经营的精神病院。他们以赞助人的名字为即将出生的儿子取名，在1806 年的 5 月 20 日，约翰·斯图亚特·密尔诞生了。

詹姆斯·密尔对心灵的看法受到了英国哲学家约翰·洛克（John Locke）（1632—1704）（参见 Locke 1690）的影响。詹姆斯相信心灵就像一页空白的纸，观念是纯粹建立在感觉－经验（**经验主义**）（empiricism）的基础上，随后依据联想的普遍法则（**联想主义**）（associationism）与另一些观念关联起来。詹姆斯一早就开始在他儿子这张白纸上进行书写，在他 3 岁的时候就教他希腊语和算术。当约翰 7 岁的时候，他已经熟练地掌握了《柏拉图对话录》的前 6 篇，在其后 5 年则读完了对话录剩余的部分。在 11 岁时他帮助父亲勘正《印度史》（*History of India*）的校样，不久之后他又开始学习逻辑学和政治经济学。在密尔 1873 年的《自传》（*Autobiography*）描述他早年经历的部分，即使附带之处也没有提到他母亲，这一点相当令人愕然。

密尔没有上过学，而是在他父亲的指导下学习，在每日的乡间散步中，他要解释他前一日所读的东西。密尔同当时另一位重要的哲学家杰里米·边沁（Jeremy Bentham）关系密切。边沁也赞同洛克的思想，认为所有知识最终都基于感觉－经验；但他也是一位**功利主义者**，相信人类的行动和制度应该旨在促进最大的总体"功利"（utility），它指的是幸福（happiness）或快乐（pleasure）（他把这称为**最大幸福原则**）。边沁自己启蒙也很早；三岁时在回乡间别墅的途中，他厌烦长辈们的谈话，于是躲进图书馆做些历史探索。很可能是边沁最早向詹姆斯建议，年轻的约翰才得以被培养成经验主义、联想主义和功利主义的旗手。

这种心灵与纸张的类比不应被夸大，因为詹姆斯的主要目的是让约翰能自己思考，并同时能够去教导他的弟妹们。但是他父亲，以及和善的经济学家大卫·李嘉图（David Ricardo）（1772—1823），还有同他们的家庭一起度过多个暑假的边沁，这些人的影响太大了，后来有人批评约翰是一个"被制造出来的人"，这让他深受刺激。当他从 20 岁那年经历的"精神危机"中走出来之后，他就马上开始在他的思想中强调个性（individuality）、自治（autonomy）以及自我培养（self-culture），而他的"精神危机"部分归结于他在温室中的成长，并最终在他编辑边沁的《司法证据的基本原理》（*Rationale of Judicial Evidence*）那艰难的一年里达到顶峰。

　　当密尔读到马蒙泰尔（Marmontel）对父亲去世的回忆，并为之落泪时，他意识到自己不只是一个会计算的机器，他的抑郁也随之烟消云散。这一时期也标志着密尔在思想上首次踏向了偏离他父亲和边沁的方向。他让自己沉浸在诗歌中，尤其是华兹华斯（Wordsworth）的诗歌，并从其他思想家那里寻求见解，如激进且具有影响力的苏格兰文论家托马斯·卡莱尔（Thomas Carlyle，1795—1881）、英国诗人和哲学家萨缪尔·泰勒·柯勒律治（Samuel Taylor Coleridge，1772—1834），以及法国社会主义的奠基者克劳德·昂利·圣西门（Claude Henrie de Rouvroy Saint-Simon，1760—1852），以及社会学创始人奥古斯特·孔德（Auguste Comte，1789—1857），历史学家和政治理论家亚历西斯·德·托克维尔（Alexis de Tocqueville，1805—1859）。法国是最后三位人士的故乡，尽管从密尔少年旅行时那里就一直是他钟爱的地方，但他仍从欧洲大陆的其他地方寻找灵感，主要来自德国浪漫主义者，如威廉·冯·洪堡（Wilhelm von Humboldt，1767—1835）。但这并不是一种改信。密尔内心里是一位亚里士多德主义者，而不是柏拉图主义者，他相信思想的进步不是来自修正主义理论（revisionist theory）①，而是从不同角度和各种来源中系统汇集而来的见解。从此，密尔试图把严肃的、哲学式分析

---

①　修正主义理论指的是要对我们许多常识性的观点做出反思、修改乃至放弃，典型代表是柏拉图的理论。——译者注

的态度同对文化和情绪（emotion）的真正关注结合起来，正是这样的努力扩展了他的启蒙遗产，在相当程度上让他成为历史上重要的哲学家。

詹姆斯·密尔不让儿子上学，也不让他上大学。约翰·斯图亚特爵士在遗嘱里留了五百镑让约翰去读大学，但他的父亲相信在入教之前就被要求宣誓效忠教会是错误的，也相信约翰已经知晓了比他能在剑桥学到的更多的东西，而且，无论怎样，他应该有一份稳定的收入，如果有必要的话还得供养他的弟妹。于是，约翰转而开始在伟大的功利主义法学家约翰·奥斯汀（John Austin，1790—1859）的指导下学习法律。大约在这个时候，约翰读了一本法文版的边沁的《立法概论》（*Traités de Legislation*），此后他从没有放弃过最大幸福原则：

> 它让我把对各种事物的观念统一起来。我现在的观点是：一个信条，一个学说，一种哲学；一种宗教（在这个词最好的一种意思上）；对它的培育和传播会成为生活的首要显见（outward）目的。
>
> （*A* 1.69）①

密尔将自己视为功利主义的倡导者和布道者，他后来告诉我们，他从没有放弃最大幸福原则（*A* 1.185）。他最早的行动之一就是组织了一群功利主义的同情者，他们在边沁房子里一间废弃的房间里聚会。他把这一团体称为功利主义社团，每两周开一次会，这样持续了三年。②

---

① 在他早些时候的草稿中，密尔使用的是"目标"（aim）而非"目的"（purpose）（*A* 1.68）。这个变化大概是表明了他意识到取得成果（achieve a goal）的最好方式往往并不是有意识地瞄准（aim）它，我将在本书第五章密尔的功利主义语境下讨论这个问题。

② 在《功利主义》第二章第一段的注脚中，密尔说他是第一个提出使用"功利主义的"这一术语的。他的传记作者帕克（Packe）为此批评了他（1954：53，n），指出边沁已经在1802年的一封信中使用了这个术语。但是使用一个术语与提出使用一个术语，这两者当然是有区别的了。在《功利主义》中，密尔自己写到，在他之前，亨利·盖特（Henry Gait）在1821年的一部小说中已经使用过这个词。

詹姆斯·密尔在东印度公司的职业生涯蒸蒸日上，那是一个代表英国政府来主要运营印度的私营机构。1823年，他得到提拔，于是就有一个空缺留给了他儿子。约翰在东印度公司的职业生涯一直持续到1858年公司解散，那时他担任的职务相当于一个国务大臣。起初他的薪酬很少，但随着晋升他收入渐丰。此外，按现代标准，他的正式工作时间怎样说也算不上繁重，一天只需要3—4小时，这给了他大量时间与朋友讨论并做其他事情。事实上，他的一些手稿都是写在东印度公司的信纸上的。

功利主义社团并不是密尔推动的唯一的思想圈。例如，有一群在上班前聚会的年轻人团体，讨论詹姆斯·密尔自己的《政治经济学要素》(*Elements of Political Economy*)，还有伦敦辩论社 (London Debating Society)，在那里密尔偶然会发现一些新颖的政治观点。密尔也开始为《威斯敏斯特评论》(*The Westminster Review*) 撰写严肃的评论文章，《威斯敏斯特评论》是边沁在1824年创办的，主要用来表达以"哲学激进分子"(Philosophical Radicals) 著称的政治和知识分子群体的观点。

1830年，密尔出席了一次晚宴，邂逅了一位22岁的年轻美丽女性哈利特·泰勒 (Harriet Taylor)，很快他们便坠入了爱河。但事情没那么简单，哈利特是和她的丈夫约翰一同主持宴会，那时他们的孩子们正在楼上睡觉。尽管如此，哈利特和密尔继续交往，约翰·泰勒这个格外宽容的男人于1849年去世，他们于1851年结婚，婚前双方并没有在肉体上有所逾越。密尔的婚姻仅仅持续到1858年，那一年哈利特在阿维尼翁去世。

密尔认为他的妻子是一个天才，并开始把自己看作是他们思想合作成就的渠道。他的爱不是盲目的，只是有点近视。泰勒不是天才，但她有一种鲜活的、直率的且富有想象力的智慧，毫无疑问，她对密尔的思考导向产生了巨大的影响。例如，在她的建议下，密尔开始更认真地对待社会主义，并且她对女性主义的兴趣大大增加了密尔自己在这方面的兴趣。在她去世前的几

4

年，她同密尔拟写了一份文论清单，在她去世后，这份清单成了密尔发表的基础。其中的三个主题"道德的基础""自由"以及"家庭"，分别对应了他后来的《功利主义》（1861）、《论自由》（*On Liberty*）（1859）和《妇女的屈从地位》（*The Subjection of Women*）（1869）。

1836 年，詹姆斯·密尔的去世引发了密尔的又一次精神危机。不再受他父亲的直接影响后，密尔为推进功利主义的研究草拟了一份计划。正如法律作家戴西（A.V. Dicey）所说，密尔是"变革时代造就的导师，而且是保证受欢迎的导师。"① 他的思想将是一种"把人性整体纳入考虑的功利主义"，"感觉"在其中"至少与思想同样有价值，同时，诗歌不仅与任何真确的（true）、整全的哲学不相上下，而且还是后者的必要条件"（Letter to Bulwer（1836）12.312）。几年后，卡罗琳·福克斯（Caroline Fox）在日记中写到，她有多么享受同密尔在康沃尔讨论诗歌、美和真理的那段时光（Fox 1882：69—88）。福克斯写道，密尔不仅设定了自己的任务，他要让这个时代变得更好，而且"他忧心忡忡和焦虑……的表情充分证实了"他面对着的是个令人畏惧的任务。但密尔并不大像文中会表现的那样阴沉。当密尔和同伴们离开潘登尼斯洞窟的时候，密尔提议将他们的蜡烛留下，作为献给地精的供品，而且在一次露天午餐时，他认为"在乡下总是体验到那种精神的极度喜悦，并且很抱歉自己高兴地跳了起来"。

大致是在这一时期，密尔完成了他第一部重要著作《逻辑学体系》（*System of Logic*）的初稿，并最终在 1843 年出版。在这本书中，由他的父亲和边沁播下的经验主义的种子结出了果实。密尔论证到，所有的知识——包括数学和逻辑学——最终皆以感官证据为基础。但是，我们可能会问，我

---

① 哈维：《自由主义之光：大学自由主义者与民主的挑战 1860—86》，第 40 页（Harvie 1976）；引自托马斯：《密尔》，第 126 页（Thomas 1985）。

们关于 2+3=5 的知识当真不可能是基于我们的所见，即两个物体再加三个物体始终会给我们五个物体吗？不如说，我们知道它不可能是别的情况。密尔会这样回应，我们无法想象它如何会是别的情况，但这并不意味没有这种可能。我们不久就会看到，这个回答对于任何研究密尔《功利主义》的人都很重要。

1848 年，也就是欧洲大陆发生革命的那一年，密尔出版了他的《政治经济学原理》（*The Principles of Political Economy*），很快这本书就成为标准教科书。在这本书中，密尔比他之前的任何一位政治经济学家都更关心工人阶级的地位。1865 年，威斯敏斯特的一群公民邀请他作为工人阶级的候选人参加大选。在选举前的一次集会上，密尔被问及他是否曾指责下层阶级是"习惯性的说谎者"，他的坦承赢得了热烈的掌声。密尔的当选使左翼知识分子第一次与工人阶级结合起来，在英国现代社会主义的建立过程中有着重要的作用。起初，他与格莱斯顿（Gladstone）密切合作，当保守党于 1866 年掌权时，他设法阻止了改革派在海德公园的集会演变成一场骚乱。当迪斯雷利（Disraeli）提出一项法案，将投票权扩大到所有的有房者时，密尔建议用"人"（person）这个词来代替"男人"（man），投票赞成他的人寥寥无几。1868 年，密尔被保守党候选人击败，很大程度上是因为他为一位广受厌恶的工人阶级候选人捐助了竞选费用。

密尔在阿维尼翁与他的继女海伦度过了生命的最后几年，在那里他能够继续追求他毕生对植物学的兴趣。他一直撰文写信，直到 1873 年因高烧去世。他没能使世界皈依功利主义，但他的努力却引发了英国政治体系的激进改革，这对他而言已经不错了。不过密尔意识到没有单个人能够完成这些目标，他对继女说的最后一句话表明他对自己的成就是满意的："你知道我已经完成了我的工作。"

7

二、密尔伦理学的发展

功利主义的核心理念是，行动和建制应该增加世上的幸福总量。正如我们在上面看到，密尔早年就皈依这一学说，并决定终生致力于发展和传播这一学说。就密尔作为一个布道者而言，最初以三篇系列论文的形式发表于 1861 年的《功利主义》可以看作是他的圣经。① 虽然它写作风格不像《论自由》或《妇女的屈从地位》中那样高贵优雅，但显然是密尔在这一学说上思想的汇总和捍卫，并为密尔在其他领域的观点奠定了基础。如果简要看一下他在《功利主义》之前发表的其他一些重要的伦理学著作，我们能够发现《功利主义》中的一些思想主线已经发展了一段时间。

1. 伦理学与元伦理学

在伦理学以及其他领域中，密尔在哲学上的对手是所谓的**直觉主义者**（intuitionists）。在 1835 年密尔早期发表的一篇文章中，他充满激情地批评了直觉主义者亚当·塞奇威克（Adam Sedgwick），密尔把伦理学中的直觉主义的特征描述为这样一种观点：对与错的区别是一种终极的、无法解释的事实，由一种称为"道德感"的特殊官能感知（SD 10.51）。由于反对直觉主义，密尔确立了这样的观点，对与错的识别（recognition）可以无须借助另外的官能，只需凭借我们的理智和感觉即可得到解释。密尔将后一种观点

---

① 《功利主义》最早发表在《弗雷泽杂志》（*Fraser's Magazine*）上，那是一本综合性的思想杂志。

与功利主义直接联系在一起，我将在第四章进一步讨论这一观点，即我们的感觉（或者不如说，我们的欲望）表示出幸福是唯一的善好，然后我们的理智会识别，这就是那些使他们在道德上是好的或对的事物。伦理学是**归纳的**（inductive），也就是说，基于经验和观察（*SD* 10.37；参照 1.3）。

从表面上看，直觉主义者与归纳主义者在伦理学上的差异所关切的是，我们如何**发现**道德对我们的要求，而不是**发现**我们在道德上被要求去做什么。密尔在一定程度上意识到我们的道德观与诸如功利主义之类的道德观本身之间的联系，并不像他反对塞奇威克时论证所暗示的那样紧密。在另一篇发表于 1833 年更早的文章"论边沁的哲学"（Remarks on Bentham's philosophy）中，密尔指出，直觉主义者可以申辩称，他们不仅是在重申道德观仅仅基于情感，人们自孩童起就受那些情感的灌输，还指的是某些与功利主义相悖的法律或原则（*R* 10.5）。那么，问题是，为什么不应该做一个只参考最大幸福原则的直觉主义者。在《功利主义》第一章中，密尔又一次提出了直觉主义者与归纳主义者之间的争论，但在后面的章节，我们看到他说： 8

> 在这个问题上如果真有什么先天感情，我看不出有什么理由说，这种感情不应该是一种关注他人苦乐的感情。如果真有什么道德原则在直觉上就是义务的，那么我应该说它必定是关注他人苦乐的。倘若如此，那么直觉主义伦理学与功利主义伦理学便是相符的，它们之间也不再会有任何争论。

（3.7，第 30 页）①

所以，伦理学与元伦理学之间的交互，道德问题本身与那些关乎伦理学性质的问题、我们对这个性质的知识的问题之间的交互，都贯穿在密尔的

---

① 本书中凡是整段或整句引用的文字，前面的阿拉伯数字是英文原来的标注，后面的页码是通行的中译本页码（具体版本见前面引用说明），中译文字有时有改动，下同。——译者注

伦理学著作中。在《功利主义》中，他认为直觉主义与功利主义可以完全相互契合，但充分发展这一想法的是功利主义的下一位大家亨利·西季威克（Henry Sidgwick，1838—1900）。[①] 由于未能明确区分元伦理学和伦理学，这可能导致密尔不那么认真地对待他对手的伦理观点，而他本该更认真一些。他倾向于把那些否认功利主义的人看成是置身于他所认为的匪夷所思的形而上学和元伦理学之中，这让他在很大程度上没有质疑功利主义信仰，而那些非功利主义的观点的潜在吸引力也没有得到探究。

2. 首要原则，次要原则与证明

《功利主义》第一章强调伦理学中重要的是要有一个首要原则，但第二章接着强调了密尔所称的"次要原则"。依照功利主义，伦理学的首要原则是，人们的行动应该产生最大的总体幸福（the greatest happiness overall）。但密尔指出，这无须意味着人们应该总是试图参照首要原则来指导自己的行动。首要原则自身可以支持某些更日常的原则，诸如"不要说谎"，遵循这些日常原则将是最有效的依照首要原则的行动方式。

他另一篇攻击直觉主义的文章"布莱基的《道德科学史》"（Blakey's *History of Moral Science*）发表于1833年，我们看到密尔申辩称：

> 任何人类道德体系的真正特征都不取决于其首要和基本原则，该原则必然是如此笼统，以至于很少能够直接应用于实践，而是取决于那些次要和中间准则的性质，正如培根所见，真正的智慧存在于公理之中（vera ilia et media axiomata）。（*BHM* 10.29）

---

① 主要是在他的权威之作《伦理学方法》（*Methods of Ethics*）中，此书首次出版于密尔逝世的次年。

密尔在 1838 年更长的一篇讨论边沁的文章（*B* 10.100–11；参照 *SD* 10.64；*W* 10.173–4[①]）中提出了同样的观点，并在以上这些文章都指出了他在《功利主义》中表明的那个观点，是在各次要原则之间发生冲突的情况下才需要首要原则。但到了写关于塞奇威克的那篇文章时，他更强调首要原则的观念，并开始表现出对直觉主义者的不耐烦，指出他们的观点往往不过是对常识或"习俗"（customary）道德的重复，带有保守主义的意味，密尔感到其与功利主义的进步和改革倾向相去甚远（*SD* 10.73-4；参照 *W* 10.168—9，178—9）。他认为边沁的观点是正确的，直觉主义者用模糊的哲学语言来粉饰他们未经反思的情感，希望把别人引向他们的观点（*B* 10.84—8）；他相信直觉主义者忽视了习俗道德中那些他们自己不认同的方面（*W* 10.178—9）。

在这里，我们能够看到密尔伦理学与他哲学其他部分的关系。密尔相信，如果你在伦理学上是直觉主义者，那你应该也是科学上的直觉主义者，认为存在着一些不依赖于经验、能在直觉上把握的法则（*W* 10.171）。但他也考虑到，许多人认为科学中直觉主义是言之成理的（plausible）——数学或物理中某些显而易见的基本原则——可以用来支持伦理学中的直觉主义（参见 *A* 1.233，235）。然而，密尔相信，正如你不应该假设在科学中看起来自明的东西是正确的，你也不应该假设在伦理学中是如此。《逻辑体系》中对直觉主义的攻击与他在伦理学中对直觉主义的攻击是浑然一体的。密尔相信，在这两个领域，你都应该把你的观点建立在"观察和经验"的基础上，而归纳主义（inductivist）功利主义哲学家的任务就是为他的观点提供经验证成。他在 1835 年说："那些坚持认为人类幸福是一切道德的最终目的和检验标准的人，一定会证明这个原则是正确的"（*SD* 10.52；参照 *R* 10.6）。这

10

———————————

[①]　"胡威立的道德哲学"发表于 1852 年，讨论的是密尔的主要对手剑桥大学教授胡威立（William Whewell）（1794—1866）的一本书。

正是他在《功利主义》第四章中试图提供证明的。①

3. 品格，幸福与道德动机

我们已经看到，在1826年的精神危机之后，密尔开始从其他作家那里寻找灵感，而不是从他一直所学的功利主义传统的那些作家中寻找。这对他的功利或幸福本身的观念产生了影响。早在他1833年讨论边沁的文章中，我们可以看到密尔指出，他认为边沁没有理解**品格**的重要性（*R.* 10.9）。功利主义说，一个人不仅应该做那些能产生最大幸福的行动，而且他的品格也应该被导向同样的目的。在后来讨论边沁的文章中，密尔扩展了这个观念。密尔认为道德不仅关切到行动的规范，还关切到情感的自我教育（*B* 10. 98，112；参照 *SD* 10.55—6）。这不仅仅是因为一个人的品格会影响他的行动，转而影响总体幸福水平，尽管这当然重要。毋宁说，自我教育之重在于去理解幸福本身的性质，而这本身是幸福的成分。边沁的经验主义是"经验很少的人的经验主义"（*B* 10. 92）。密尔把边沁看作一个想象力有限的孩子，密尔相信快乐最重要的来源在于成人世界的高尚道德和人文艺术。尊严感，是密尔在边沁的"行动之源列表"（Table of the springs of action）中发现的众多遗漏之一（*B* 10.95—6），重新出现在《功利主义》的第二章中，拥有它的人能够理解"更高"和"更低"快乐之间的重要区别。

人类动机——"行动之源"——的阐论（account）应该在述说道德动机上有着某种程度的言之成理。这里密尔再次认为边沁存在着缺陷。尤其是，

---

① 证明的一个核心部分——人类只欲求快乐这一主张——就出现在讨论胡威立的那篇文章中（*W* 10.184，n.）。

边沁在其列表中遗漏了良心和职责（duty）① 的观念（R 10.13；B 10.95）。密尔格外厌烦胡威立的提议，即功利主义者不得不在述说人类幸福与述说职责之间做出抉择（W 10.172）。1852 年，在讨论胡威立的文章发表两年后，密尔写了后来成为《功利主义》一书的那些文章的初稿。在《功利主义》第三章，他承认习俗道德单凭自身就向我们展现了它是义务的（obligatory），但他接着指出，对人类彼此之间的自然同情进行教育可以让义务感成为一种实践功利主义道德的基础。② 他表示，这样一种道德动机形式可以自身成为人类幸福本身的关键组成部分，因此也使他脱离了边沁的观点，即自我利益几乎总是凌驾于社会关切之上（R 10.15）。

　　所以我们能够看到很多在《功利主义》中讨论的议题已经在密尔更早期的文章中有所征兆：伦理学和伦理理解的基础，首要原则和次要原则的重要性，功利主义的证明，人类幸福的来源，道德动机以及道德的"约束力"（sanctions）。在这些更早期的文章中，有一个《功利主义》的核心话题没有得到太多讨论，那就是正义，那也是《功利主义》最长和最后一章的主题。③ 这一章原本是作为一篇独立文章而写的，密尔并没有试图将其与《功利主义》前面几章紧密联系起来。但是，在他将其纳入文本中时，我们也许可以看到，他意识到了正义观念的特殊力量，正如他在生命尽头时所意识到的那

12

① duty 一词其实最好被译为责任，但为了以示区别，本书中 obligation，duty，responsibility，分别译为义务、职责、责任。——译者注
② 密尔在讨论塞奇威克的文章中谈及同情是自然的（SD 10.60）。
③ 《边沁》一文中（B 10.112—13）对人类行动的三个方面——道德、审美和同情心——的讨论预示了职责所要求的举动与那种第五章第十四段中所说的、职责不要求但我们应该喜欢有人去做的举动之间的区别。此外，在讨论胡威立的文章中（W 10.184—5），密尔提出道德情感的起源是一个重要的形而上学问题，这也是他在讨论正义时试图回答的问题之一。那篇文章还包括第五章第二十六至三十一段的论点，即只有功利原则提供了一种摆脱冲突的出路，这种冲突产生于直觉主义原则的多元性。

样，而这种力量取决于这一事实，我们每个人都是引导自己生活的独立个体。密尔的目光再次超越了他父亲和边沁的功利主义，但直到 20 世纪下半叶，在约翰·罗尔斯（John Rawls）等人的著作中，功利主义在正义上的各种问题才暴露无遗。

三、解读密尔

密尔自称其人生目的是做最大幸福原则的倡导者。在他极早期的文学生涯中，我们可以看到，他非常意识到写作本身对读者的影响。塞奇威克曾抱怨功利主义有损人格。在他讨论塞奇威克的文章（*SD* 10.62—72）中，密尔煞费苦心地指出了主张的真实性与其对读者的影响之间的差异。但就在两年前，在第一篇讨论边沁的文章中，密尔对边沁的学说进行了批判，边沁认为私利高于社会关切，批判的原因正在于它会对读者产生有害影响。那些可能被导向美德的人将由此却步，那些不可能被导向美德的人将由此堕落（*R* 10.15）。密尔说，只要能说服一部分人成为仁慈的人，那么所有人的幸福都会大大增加。

然而，单就有可能仁慈的个人行动来说，存在一个问题，那就是个人的行动可能收效甚微或效果全无。在这方面，伦理写作本身就是伦理的——通过激励足够多的人在一个时期内做好事，来试图解决合作问题。其最大的效果是通过阅读伦理作品，去激励那些虽然自身利益与仁慈相对立，但仍有可能去仁慈的人："对于那些美德感觉薄弱之人，伦理作品是首要必需的，其本身功能是加强那些美德感觉"（*R* 10.15）。

密尔一生都对道德修辞的说服力非常敏感。如他所见，他在东印度公司工作的好处之一，就是练习了一种表达思想的技巧，这种方式"能让习惯上没有准备的人最容易接受"（*A* 1.87）。人们不可能皈依正确的观点，除非这些观点是通过联想在他们的脑海中建立起来的，而健全的联想需要情感的锚定。这就是边沁写作的不足之处。

密尔对写作道德化的自我意识提出了一个解释上的特定问题。在其晚年，他和他的妻子认为自己为未来的思想家们留下了一个"精神派糜"（mental pemmican）。[①] 但是，我们知道，在对他特别重要的伦理问题上，他可能是在试图用最有可能说服我们的方式来表达自己，而不是最清楚地展示他自己的观点。与《论自由》和《妇女的屈从地位》不同，《功利主义》不是为广泛的大众传播而写，这一点也令人欣慰。密尔在其《自传》中只就其写了一小段话，称其为一部"小作"（*A* .265）。在他最早的伦理作品中，他认为在实际生活中最重要的是人们生活所遵循的日常原则，或者说是次要原则，而且大多数哲学家都会同意这些原则。但是他后来发现，在国家的角色和女性在社会中的地位等重大问题上，不仅哲学家之间，而且普通人之间也存在巨大的分歧。重要的是——也是最大幸福原则本身所要求的——让人们依这些次要原则而行。在他关于这些争议性问题的写作中，密尔当然是在试图陈述他的信念；但他也是在运用修辞学家的技巧进行劝说。这些技巧是《功利主义》一书的背景，不过《功利主义》在很大程度只是冰山之隐而未露部分，《论自由》和《妇女的屈从地位》才是高度集中的表现。

然而，不得不承认的是，就像大多数伟大的哲学作品一样，《功利主义》并不容易解释。从某种意义上说，它确实是一部"小作"，因为它在非常小的篇幅内处理了诸多复杂而重要的问题。在本书中，我将对密尔在这些问题上的观点提出自己的解释，我这样做与其说是希望说服你接受我的观点，不

14

---

① 派糜是一种作为紧急口粮的小的干肉饼。

如说是希望提供一个让密尔的话语能够被仔细阅读和反思的语境，因为人们常常不这样做。对于任何哲学文本，都有一系列合情合理（reasonable）的解释，作为读者，你的任务是阐述自己的解释。

但是，如果我们可以预知不存在单一明白无误的解读，那么解读文本又有什么意义呢？诚然，哲学史本身不应是主要目的。阅读以往哲学家的著作几乎只有在他们的著作能够帮助我们回答那些影响我们的问题，而非其历史地位的问题时，才有意义。密尔在《功利主义》中试图回答的两个问题是，人类的好生活可以在于什么，以及正确的生活方式可以是什么。解读他的文本可以让我们为这些问题提供一些见解，否则其可能仍然隐而未见。

我的起步之处是他那两章对第一个关于好生活问题的回答（主要在第二章第三至十段和第四章），并由此开始对《功利主义》的讨论。依密尔所言，功利或幸福在于快乐（快乐主义），我将在第三章讨论并发展出一个追随密尔思路但又对他有所超越的观点。密尔认为快乐主义是可以证明的，这是他在第四章对功利主义自身的证明的一部分，我将在本书的第四章中加以讨论。我在那一章也会讲到密尔在《功利主义》第一章中关于伦理论的主张以及在第三章中关于"约束力"或道德动机的主张。我将提出，密尔关于约束力的观点——尤其是在他第三章的最后两段——与他对功利主义的论证紧密相关。第五章将讨论基于密尔自己版本的不同形式的功利主义，这里的中心段落是第二章第二段、第十九至二十段，以及第二十三至二十五段。在20世纪下半叶，功利主义面临了两个重要的相关挑战，这特别引人关注。一个挑战是关于"完整性"，在此以上所提及第二章的那些段落，以及密尔的第三章又显得重要；完整性是本书第六章的主题。如前所述，另一个挑战是关于正义的，本书第七章将分析密尔在《功利主义》第五章中对正义的长篇论述。我已经表明，密尔的道德和政治作品是一个整体，必须在他对功利主义的承诺这一语境下来理解。在最后两章中，我将讨论他在政治哲学中最著名的两部作品——《论自由》和《妇女的屈从地位》，并表明它们是如何最好被看作是对功利主义学说的应用的。①

　　我之所以选择这样的顺序，是因为我认为这是在当代伦理学问题的背景下，解读密尔作品的最佳方式。对福利性质的讨论引出了密尔对快乐主义的证明。这个证明也是功利主义的证明，所以我随后讨论了功利主义本身。接下来的两章分别是"功利主义的问题"和"功利主义的应用"。密尔书中的一些文字，如第二章的核心段落，所关注的问题已经不再具有太多学术旨趣了。那些希望对书中较少被研究的部分进行讨论的人，请参阅我的《功利主义牛津哲学文本》中的那些注解（Mill 1997）。我也会参考密尔的其他作品。任何对密尔《功利主义》一书合情合理的解释也必然是对他功利主义的解释。但是，除了最后两章，《功利主义》当然是本书的重点。

16

　　功利主义作为一种学说，在哲学中仍一如既往地充满活力，并继续吸引着精神饱满的捍卫者和批评者。但即便是批评人士，也应该准备给予功利主义以应有的尊重。这是一个人道和进步的学说，它在实践中终结了许多基于保守正统的不正义。总的来说，它的支持者是仁慈的且真诚地关心增进他人福利；对于密尔本人来说，功利主义毫无疑问是正确的。在哲学理论层面上，功利主义极大地推动了对伦理学的理性理解。功利主义可能有一些难以接受的理论含义，但任何一个人要合情合理地拒绝任何一个哲学理论，都必须不偏不倚地、严肃地对待这一理论。密尔的作品非常值得如此对待，我写本书的目的就是为了鼓励这一点。

---

① 　我之所以选择这两部作品，很大程度上是因为当代对自由主义和女权主义的兴趣使得这两部作品受到了广泛的关注，在关于密尔的课程中，它们常常与《功利主义》并列。因为《功利主义》是密尔所有作品的基础，功利主义的解释同样可以用于，例如，《代议制政府》（1861；19.371—577）或《宗教三论》（*Three Essays on Religion*）（1874；10.369—469）。

延伸阅读

密尔的《自传》是英语文学的经典之一，可以从中对他的品格和自我理解多加洞察。最好的传记是帕克那本文采斐然的《约翰·斯图亚特·密尔的生平》(Packe 1954)。密尔的门徒亚历山大·贝恩(Alexander Bain)(1882)写的书也很有意思。托马斯的《密尔》(Thomas 1985)是一个关于密尔的短篇历史论著，尽管其中很少讨论《功利主义》，但其内容对了解密尔大有裨益。本章所讨论的密尔的伦理论著都收在《文集》(*Collected Works*)的第10卷，任何想认真研究《功利主义》的学生都应该仔细阅读。对密尔整个哲学的最好阐论是瑞恩的《约翰·斯图亚特·密尔的哲学》《约翰·斯图亚特·密尔》(Ryan 1970；1974)以及斯科鲁普斯基的《约翰·斯图亚特·密尔》(Skorupski 1989)。集中讨论他的伦理和政治理论的优秀之作是伯格尔的《幸福、正义与自由》(Berger 1984)。

17

第二章　福利与快乐

一、福利与伦理学

至少在某些时候，你大概认为生活的某些方面对你是有益的。当我使用**福利**（welfare）一词时，我心里想的就是生活的这些方面。你自己的福利仅在于你生活中对你有益的方面。你的生活可能会对其他人有益，也许是因为你可以以某种方式帮助他们，但从概念上讲，对他人有益与对你有益是有区别的。于是，福利就是使一个人的生活值得过的那些东西。虽然在这里大可以做些区分，但我大致将它等同为一个人的善好、自我利益（self-interest）、兴旺（flourishing），福祉（well-being）、审慎价值（prudential value）或功利。

尽管这本书事实上谈的是功利主义，但我决定不把**功利**一词置于核心地位。首先，这个词含义模糊，在功利主义传统中，它既被用于指福利，也被用来指那些产生了福利的事物。后者是在工具意义上而言，我正喝着的香蕉奶昔有某种功利；在前者意义上，是喝奶昔所产生的快乐构成了功利。其次，更重要的是，我要强调，什么使得生活是值得过的这个问题不可以与功

19

利主义联系得太紧。毕竟，对我们所有人来说，这个问题都不是一时的兴之所至，对于道德哲学家而言，这个问题尤为重要，不管他们是不是功利主义者。大多关于道德的阐论都包含原则、职责或审慎和慈善（beneficence）的美德。审慎关乎增进你自己的福利，慈善关乎增进他人的福利，若脱离福利的观点而倡导审慎和慈善，则不知所云。若你不知是什么让人的生活过得好，那你将无法让你或他人的生活过得好。

这不是在否认福利理念在功利主义中的重要性。其实，某种福利观念或理念是任何一种功利理论的基本要素。另一个基本要素是**最大化原则**，据此福利要达到某种最大标准。福利观念是任何一种功利主义理论的核心，在实践和理论上都优先于最大化原则。除非你知道它是什么，否则无法将其最大化，这就是我为什么要用这一章和下一章来讨论密尔的福利理论。密尔的证明关乎功利主义的两个要素，所以最大化将在第四章讨论；但我主要在第五章讨论功利最大化所涉及的方方面面。

在进一步阅读之前，重要的是要了解，什么使得生活值得过这个问题远不同于什么构成了道德生活那个问题。密尔的福利理论可以看成是相当独立于其功利主义的，独立于他所认为的在道德上我们必须福利最大化。即使你也许因为功利主义没有为正义或权利留有余地，而最终否定功利主义，但你仍可以接受密尔的福利理论。

二、边沁的阐论

在《功利主义》出版之前 29 年，杰里米·边沁就去世了，但我们在第一章看到，他对密尔的影响极大。密尔对福利的阐论可以被看成是在回应托马斯・卡莱尔（Thomas Carlyle）等人对边沁观点的批评。那么我们首先来描述边沁的观点，密尔后来对这一观点提出了批评和改进。

边沁提出了一种关于福利的**经验阐论**（experience account），依他所言，你的福利只在于你所拥有的经验。任何超出你意识觉知（conscious awareness）①且不影响你觉知之事，都不会影响你的福利。例如，想象一下，有人监视了你一段时间，知晓了你生活中所有的隐私。如果你从没有发觉，你的经验——可以说从内心来看——是从来就没有什么被监视之事，那么，按照经验而论，你的福利并未受到已有之事的影响。就像格言所说，你不知道之事不会伤害你。那些否认这一点的人，自然也就否认了各种经验阐论。

个体种种经验中的哪一种是边沁所认为的福利的构成部分？快乐（见Bentham 1789：第五章，第一和五段）。所以边沁可以被称作**快乐主义者**（hedonist），hedone 是古希腊语中"快乐"一词。虽然边沁是个快乐主义者，但他的立场绝非那些提倡生活在于过度放纵的感观主义者（sensualist）。对边沁来说，只要让我变得更好的经验都算是快乐，不管是喝香槟还是读哲学。

当然，快乐的经验并不是唯一要紧之事。我生活的某些方面使得我的生活在那些方面是不值得过的。身体上的疼痛、沮丧、厌烦、恐惧、尴尬，这些经验都使我的生活变得更糟，也构成了我所说的**伤害**（harm）。依边沁所言，伤害在于**痛苦**（pains），它包括上述几种以及其他的经验。

对我们的目的来说，边沁阐论中最重要的方面是他的快乐和痛苦可以**被测量**这一想法。边沁假定了，任何特定的快乐或痛苦都有确定的价值，能够

---

① conscious 与 awareness 都有"意识"之意，这里的区别大致可以理解为后者更强调意识的觉知，即中文中常说的"意识到"，虽然这里是作为名词而使用的。本书中，当这两个词连用时，为了以示区别，分别译为"意识"与"觉知"，如果分别使用，则都翻译为"意识"。——译者注

21   被其他的快乐或减少了的痛苦来加以权衡，而指导这种权衡的是一种将快乐或痛苦加以量化的衡量尺度。这种尺度现在被称为**基数**（cardinal），但边沁和密尔都没有用过这个词。我们的首要问题不应是，它事实上是否能发展出一种边沁版本声名狼藉的**幸福计量学**（felicific calculus），并被我们实际用于衡量福利。毋宁说，我们必须追问，作为这一想法之基础的那些假设是否正确。

    基数衡量尺度有着零点和单位。例如，重量以克来衡量。尺度从零开始，每一单位、每一克与另一单位相等。任何物体在理论上都能与另一物体比较重量，不同的重量根据同一种基数尺度来标注。这如何用于快乐呢？想想饮用一分钟贝尔混合威士忌的快乐。依边沁所言，任何快乐的价值都由其持久性和强度决定（Bentham 1789：4.2）。[①] 让我们把这个快乐——在通常强度下持续一分钟——作为我们福利价值的标准单位，所以两分钟饮酒的价值是两个单位，三分钟是三个单位等等（直到这种快乐变得迟钝，需要不止一分钟的饮酒才能达到一个单位）。[②] 现在，让我们假设，饮用拉加维林这类优质的单一麦芽威士忌所带来的快乐，是饮用贝尔威士忌所产生的快乐的两倍。把这些快乐加以尺度上的标注，你就可以开始对你的福利做出判断。如果饮酒的时间是相同的，在威士忌中做选择，那么相较于混合威士忌，选

22 择单一麦芽将增加你的福利。

    再说说痛苦。让我们规定一分钟标准的社交尴尬的值是负一个单位。以

---

①   边沁提到了另一些与快乐衡量相关的特征——确定性、邻近性、继生性与纯度，这些也许与实践思考有关，但其自身与任何快乐的实际福利价值无关。

②   值得注意的是，强度可以纯粹从心理上或评价上来理解。在心理上，对强度的理解可以不取决于评估，例如，可以说颜色或多或少是强烈的。在评价上，快乐的强度取决于经历它的人对其的评价。两种快乐，一个持续一分钟，另一个持续两分钟。如果您认为两者价值相等，则第一个的强度必须是第二个强度的两倍。边沁很可能没有做出这种区分。关于这一点和相关问题的更多讨论，见梅菲尔德：《苦痛之道德》（*The Morality of Suffering*）（Mayerfeld 1997）。

一个单位的伤害为代价获得一个单位的福利只会是原地踏步。设想一下，你可以选择饮用三分钟的拉加维林威士忌（3×2=6 单位）或饮用三分钟的贝尔威士忌（3×1=3 单位）。如果你选择拉加维林威士忌，你在主人面前所表现出来的贪婪会让你在标准强度上尴尬四分钟（4×-1 = -4）。按此阐论，你选择贝尔威士忌反而会让你的福利最大化，因为选择拉加维林威士忌的整体福利只有两个单位，而选择贝尔威士忌则有三个单位。

这里讨论的问题并不是我们是否真的可以执行边沁所设想的那种衡量程序，而是每种快乐的价值是否只取决于其持久性和强度，因而也就可以在理论上与其他快乐和痛苦置于一个基数尺度下。密尔不这样认为，但在我们转向密尔的福利阐论之前，先考虑那种对边沁阐论的驳难，那也是让密尔觉得棘手的地方。

三、海顿和牡蛎

在第二章第三段中，密尔说道，许多人把快乐主义当作"仅仅配得上猪的学说教义"，他在这里几乎肯定想的是卡莱尔把功利主义描述为"猪的哲学"（Ryan，1974：97）。在某种意义上，如密尔在第二章第四段中所指出的那样，一旦边沁承认人类的能力不同于猪的能力，这一指责就是无的放矢了。我们看到，边沁并不提倡只追求那些我们同其他动物都能经验到的快乐。即使"快乐的数量上相等的话，图钉游戏同诗歌一样好"[①]，他仍可以表

[①] 这是对边沁《奖赏原理》（*Rationale of Reward*）的错误引用，见 B 10.113。图钉是一种简单的儿童游戏。

示，因为产生了更多的总体快乐，实际上诗歌几乎总是更受人青睐。

23   密尔认为上述回应在"论据的层次上较低"（2.4），不足以消除人们对完全基数可通约性（full cardinal commensurability）的严重担忧，所以并不太重视。设想下面的**思想实验**。就像我们会在本书中讨论的许多虚构案例一样，它需要一些特定的假设；而通常判定一种哲学观点是否正确的好办法就是考虑它在非常情景下的应用。①

    假如你是一个在天堂的灵魂，正等着被安置到地球上的某个生命中。现在是周五下午晚些时候，你焦虑地看着可用生命的数量越来越少。当轮到你的时候，负责此事的天使让你在两个生命中做选择。其一是作曲家约瑟夫·海顿（Joseph Haydn）的生命，另一个是牡蛎的生命。除了创作美妙的音乐并影响了交响乐的发展，海顿在他的一生中会拥有成功和荣誉，会开朗活泼、广受欢迎，会周游各地，还会从户外运动中获得很多乐趣。牡蛎的生活远没有那么令人兴奋。哪怕是一个相当聪明的牡蛎，它的生命也只有轻度的感官快乐，相当于人们醉醺醺地泡在一个温暖浴缸里的经验。当你要求选择海顿的生命时，天使叹息道，"我将永远也处理不掉这个牡蛎的生命了。它已经闲着好多年了。听着，我能给你一个特惠。海顿将会在 77 岁时去世，但只要你愿意，我可以让牡蛎的生命想活多久都行。"

    哪种生活会使你的福利最大化？回想一下边沁关于完全可通约性的假设。诚然，海顿的快乐是值得拥有的。很明显，它们的强度要远大于牡蛎所经验到的那种轻度的感官快乐。然而，如果牡蛎的寿命足够长，那么它的福利最终将超过海顿的福利。也许有人提出，牡蛎所经验的价值会随着时间推移而逐渐降低。但是对牡蛎来说似乎并非如此：它第千万次的享受沐浴的快

---

① 应该指出，下面这个建立在生命**持久性**之延伸上的问题，也是很多非快乐主义福利理论同样面对的问题，只要这些理论允许益品在基数上的可公度性。

乐，就像它第一次享受一样。于是，根据边沁的快乐主义，你选择了牡蛎的生命，你的福利才会达到最大——你会过上对你来说最好的生活。很多人都不会接受这一点，他们认为牡蛎的寿命有多久并不重要。从福利角度而言，海顿的生活是再好不过的了，因为海顿的那些经验使他的生活处在一种与牡蛎完全不同的层次上。

在密尔自己关于福利的阐论中，他曾经试图为这种观点留有余地。他这样做不仅是因为他想转移卡莱尔的批评，增加功利主义在政治上成功的机会。他自己也看到了这些批评的力量，并不亚于他在讨论边沁的文章中所做的评论（B10.91—3，95—7）。在这篇文章的第一段，密尔把边沁与诗人柯勒律治（Coleridge）并列为"英格兰两个最有创造力的头脑"。1828 年秋天，密尔正是读了华兹华斯的作品，才帮助他自己走出了抑郁。总的来说，密尔深受浪漫主义影响，浪漫主义认为情绪和感觉优于思想和计算，个性和创造力优于平庸。此外，密尔从早年起就熟知希腊哲学家的著作，尤其是柏拉图、亚里士多德和伊壁鸠鲁，在他们关于人类幸福或福利的观念中，哲学以及其他理智和道德的活动居于核心地位。① 因此，密尔本人在阐论中给予人类生活中更高级的经验以格外显著的地位，也就不足为奇了。

四、密尔的快乐主义

然而，在展望密尔论证的那一面之前，我们首先应考察他作为快乐主义

---

① 见威廉斯：《密尔幸福观的希腊起源》（Williams 1996）。关于古代思想家对密尔的影响的概述，可见，艾文：《密尔与古典世界》（*Mill and the classical world*，Irwin 1997）。

者的证据。最重要的段落是第二章第二段，密尔概括了最大幸福原则（幸福或者功利要被最大化），继续写道：

> 所谓幸福，是指快乐和没有痛苦；所谓不幸，是指痛苦和丧失快乐。要清楚地揭示这理论所建立的道德标准，还有很多东西要说……不过这些补充说明并不影响到这种道德理论所根据的人生理论——唯有趋乐避苦才是值得欲求的目的；所有值得欲求的东西（它们在功利主义中与在其他任何理论中一样为数众多）之所以值得欲求，或者是因为内在于它们之中的快乐，或者是因为它们是增进快乐避免痛苦的手段。

（第8—9页）

我们在讨论边沁的那一节中看到，快乐主义者相信福利在于快乐的经验。但这就留下了一个问题，是什么**使得**快乐的经验是善好的。有一种观点认为，使得这些经验对某人善好的，可以说既不是上帝愿意它们存在，也不是它们满足了那个人的某些欲望，而只在于这些经验就是快乐的，我称之为**完全快乐主义**（full hedonism）。所以，完全快乐主义由两部分组成：一个是实质性的部分，是所有形式的快乐主义都有的，陈述了福利在于快乐的经验；另一个是解释性的部分，是说这些快乐的经验之所以是善好的，是在于它们是快乐的。

那么密尔是快乐主义者吗？如果是，他是一个完全快乐主义者吗？在上述引用的段落中，他告诉我们快乐是唯一值得欲求的目的。① 在其他地方，他谈到"快乐"（如2.4）或"乐趣"（enjoyment）（如2.10）。那么，我们能否将密尔解读为是在承诺一种实质性的主张，即福利仅仅在于快乐的经验？

---

① 他不可能说免于痛苦本身是一个值得欲求的目的。不如说，他的观点必然是总体上值得欲求的是快乐超过痛苦的最大总净值，就其自身而言，唯一值得欲求的事物就是快乐。见第五章。（本书中欲望与欲求都是英文 desire 一词，作名词时翻译为欲望，作动词时翻译为欲求。——译者注）

不能直接这样解读，因为英语中"**快乐**"一词并没有**一种快乐的经验**的意思。在《功利主义》中，密尔没有在快乐（pleasure）与一种快乐（a pleasure）这些观念间做出明确区分。你可以说游泳是你的**一种快乐**。游泳本身就是一种快乐，因为它带给你**快乐**，而且快乐在概念上与游泳是不一样的。你游泳不只是一种快乐的经验，它可以说是进入你的脑海。它包括你挥动手臂的动作，在泳池中翻起不少浪花，以及其他种种。因此，我们可以称之为一种**快乐来源**（pleasure-source）的，乃是一个人所参与的有乐趣的活动，如游泳，或者产生乐趣的一种状态，如接受按摩（记住，游泳作为一种快乐来源，**包括了**快乐的经验）。但"快乐"同样地可用来单指**快乐的经验本身**，例如，游泳的快乐的经验是独立于划水动作以及其他等等。当密尔谈到快乐时，他想的是哪一种：是快乐的来源还是快乐的经验？

密尔经常将"快乐"同"痛苦"比较，或者将它们与"没有"痛苦相提并论（如参见 2.8，12 ；4.5，10—11 ；也参见 2.4 中理智快乐与感官快乐的比较）。在英语中，痛苦的意思不是同**快乐来源**完全相反的。比如你喜欢撑船，讨厌做家务，你可以说撑船是你的快乐之一，但不会说做家务是你的痛苦之一。做家务对你来说是个麻烦，从这一意义上可以说它是种**痛苦**，但是你可能不会用**痛苦**来表达你不喜欢的活动和状态，尽管你以快乐来表达你喜欢的活动和状态。当密尔说到痛苦时，我自己不由想到我们应该将其理解成"痛苦的"（painful）或者令人不快的（unpleasant）的经验。根据连贯性，也许有理由把第二章第二段中密尔所说的理解为快乐的经验，而不是快乐的来源。我们也应该记得功利主义传统中的标准是快乐的观念，而不是快乐根源的观念。例如，边沁把快乐和痛苦称为"有意思的感知"（interesting perceptions）（Bentham 1789 ：5.1）。但是我曾说过，密尔本人并没有明确地在**一种快乐**与**快乐**观念之间做出鲜明区分。基于这个理由，任何把密尔归属于快乐主义的做法都只能是一种推定；但我认为这并非不合情理。

26

在密尔的论述中，**快乐**和**乐趣**两个词是可以互换的。把密尔称为快乐主义者，可能有点牵强，因为有乐趣的经验（enjoyable experiences）不完全等于快乐的经验（pleasurable experiences）。一个人可以享受（enjoy）某些经验，如痛苦挣扎着翻过最后一个山脊到达顶峰，这并不适合被描述为快乐的。所以我们也许把密尔称为一位**乐趣理论者**（enjoyment theorist），而非快乐主义者。由于边沁也延伸了快乐的观念，他也可以被归为同一类。但为了便于阐述，我只把各种乐趣理论界定为快乐主义的不同版本。

如果我们把密尔看作一个快乐主义者，他是一个完全快乐主义者吗？他是否接受这一观点，使得快乐的经验成为善好的就是它们是快乐的？我们似乎又能在第二章第二段看到这一要素。任何值得欲求的事物，也就是好的事物，之所以如此，在于它所包含或产生的快乐。（记住我们是根据乐趣[enjoyableness]来理解以上这些的。）

五、采取更高层次的依据

让我们回到"海顿与牡蛎"以及密尔的解决方案。采取更高层次的依据涉及哪些？

承认某些种类的快乐比其他种类的快乐更值得欲求，更有价值，这与功利原则是完全相容的。荒谬的倒是，我们在评估其他各种事物时，质量和数量都是考虑的因素，然而在评估各种快乐的时候，有人却认为只需考虑数量这一个因素。

假如有人问我，我所谓的快乐的质量差别究竟是什么意思，换言之，仅仅就快乐而言，一种快乐除了在数量上较大之外，还有什么能使它比另一种快乐更有价值，我想可能的答案只有一个。就两种快乐来说，如果所有或几乎所有对这两种快乐都有过经验的人，在不考虑自己在任何道德义务感的情况下，都断然偏好于其中的一种快乐，那么这种快乐就是更加值得欲求的快乐。如果对这两种快乐都相当熟悉的人，都认为其中的一种快乐远在另一种快乐之上，即便知道前一种有着较大的不满足也仍然偏好它，不会为了任何数量上合乎其本性的其他快乐而舍弃它，那么我就有理由认为，这种被人偏好的乐趣在质量占优，相对而言，其数量的不足就不那么重要了。

28

（2.4—5，第10—11页）

于是，密尔申辩称，某些快乐是如此有价值，以至于较之任何数量的其他快乐，那些有着前后两类快乐经验的人仍然偏好它们。这些快乐通过了我们所称的**"知情偏好测试"**（informed preference test）。这些不同种类快乐之间的对比相当于什么？在前述所引的段落中，密尔用不同方式进行了对比：动物快乐和仅限人类更高官能产生的快乐之间的对比；感官的快乐与理智的、感情的和想象的以及道德情感的快乐之间的对比；在肉体的快乐与心灵的快乐之间的对比。由于密尔是在回应一种驳难，而这驳难本身就建立在他思想中的这类区分上，所以他并没有停下做进一步的详细阐述。从他此处所言，很难找到一个清晰的标准把快乐置于分类的哪一侧。当你品味拉加维林时，你从其中获取的快乐似乎完全不同于你的那只爱喝威士忌的狗的快乐。你会反思它的产地和制作工艺，把它的口味同其他威士忌对比，用丰富的词汇谈论它的特性，而你的狗则对此完全无感。但你的快乐是一种肉体上的快乐，肯定涉及某些感官。

密尔可能会申辩称，这些快乐是混合的，其要素可以分别考虑。我们这里也许包含味觉的感官（一种更低的快乐）以及对它的反思（一种更高的快乐）。但是，即便是根据那些对两种快乐都有经验的人的偏好，也不清楚这

29

种区分是如何起作用的。一个人唯独偏好反思，胜过任何数量上的纯粹口味的快乐，这样的主张有道理吗？

　　根据密尔所提供的对比，来阐明一个区分更高快乐和更低快乐的标准，这类努力事实上是徒劳的。这不仅是因为区分的模糊性，也因为知情偏好的测试几乎肯定会与任何精确的区分相悖。例如，挠痒这种感官快乐似乎是二分法中更低一端的范例。但还有其他感官——如在圣吉尔斯咖啡馆品尝卡布奇诺的纯味——这是我的偏好，胜过任何数量上挠痒的快乐。这似乎让喝圣吉尔斯的卡布奇诺成为一种更高的快乐。但是我不会由此放弃阅读哲学的快乐，无论喝卡布奇诺的快乐在数量是多少，在这个比较下，又把喝卡布奇诺变成了一种更低的快乐。这里的教训是，一个人无法对更高或更低的快乐进行分类，除非他确切地说出，它们被拿来与**什么**比较高低的。这很重要。密尔的更高 / 更低的区分常常被理解为一对相互排斥的范畴，快乐的经验可以被归类为"更高"（"高"）或"更低"（"低"）。而事实上，"更高"和"更低"都是相对的术语，一种快乐是否高于另一种取决于具体比较的环境。

　　然而，密尔的对比并非毫无意义。的确，哪一种快乐更高，哪一种更低是相对于所涉及的比较而言。但密尔想的是理知之士、审美者或道德良善之人的快乐与那些声色犬马之徒的快乐之间的比较。卡莱尔等人并不乐意看到，前者更受偏好只是基于它们带来"更多快乐"。至于**这些**比较，密尔表示，理知之士的快乐是如此有价值以至于它们在价值上永远不是任何数量的感官快乐所能抗衡的，而这与功利主义是完全一致的。

　　我们现在可以看到，密尔区分了更高和更低的快乐，这为"海顿与牡蛎"中展示的问题提供了一个解决方案。这个问题是由快乐的完全基数可通约性引起的。快乐被理解为有着像重量一样的功能。如果你把一个非常大的重量放在天平的一边，然后开始在天平的另一边放一些小得多的重量，那么总有一个时刻，小重量的总和会超过另一边的重量。密尔否认快乐也是如此。在他看来，快乐之间存在着价值上的**不连续性**（discontinuities），对于那些有着这些经验的人来说，无论多少数量的某些（更低的）快乐都不可能比某些有限的特定（更高的）快乐更有价值（参见 Griffin 1986：85）。因此，密尔可以表示，仅海顿的**一项**快乐——譬如说，他在 1793 年自己的学位典礼上指挥牛津交响乐团——就比牡蛎的任何数量上的快乐都更有价值。对他来说，无论天使同意让牡蛎的寿命延续多久，选择海顿的生活都是理性的。①

30

六、一个所谓的两难

密尔放弃了完全基数，在他看来，福利测量不存在任何单一的额外基数尺度。在边沁那一部分我讨论品尝威士忌的例子中，密尔认为基数测量是可以的。但当两种快乐高低不一时，排序就不再是基数的了。因为如果按

---

① 虽然不连续性在这里有助于密尔，但它的确产生了一个难题。如果我们设想各种体验都是建立在一种从低级肉体到高级理智的尺度上，那么在某一点上就会出现不连续处。但为什么一个小的改变就可以在价值上制造无限大的差异呢？还应指出，对于密尔的观点有两种可能的解释。一种解释是，一个有能力下判断的人（a competent judge）会在确保获得某种程度的更低的快乐（如身体上的舒适）后，选择任何程度的更高的快乐（如理智上的见识）。第二种解释是，一个有能力下判断的人会放弃任何数量上的更低快乐，只要更高快乐在数量有所增加。我认为第二种解释的问题更少一些，因为第一种解释没有为我们已拥有的更低快乐的重要性提供理据。鉴于如身体的舒适这类更低快乐的重要性在于它是追求更高快乐的必要条件，第二种解释也不需要有特别令人不快的实际意味。这些观点与另一个重要事实有关：即主张"质量"与强度和持续时间同样重要，这并不等于承认了价值上的不连续性。例如，人们可以认为海顿的生命比牡蛎的生命好上 2 倍、3 倍或数千倍。密尔同时持有两种主张，但这并不是非常严重的问题，因为是不连续性解决了"海顿和牡蛎"问题。

照基数，那就不存在不连续性了，而且这样一来，一定数量的更低快乐就可能超过更高快乐的价值。在更高／更低的比较中，唯一可用的排序就是**序数的**（ordinal）（ordo 是排序的拉丁文）。更高快乐比更低快乐有**更多**价值，再问数量上的多少是没有意义的，因为在这类比较中不存在这些计数单位。

密尔对更高快乐和更低快乐的区分，甫一出版就引发了大量的评论，其中大部分是带有敌意的。到目前为止，最常见的驳难是，密尔面临着一个两难：要么把质量折算为数量，那么密尔就没有超越边沁；要么是密尔不再把自己算作是（完全）快乐主义者。[1]

当密尔谈到"数量"时，他想的几乎肯定是边沁的福利观念，按边沁的观念，快乐的价值仅取决于它的持久性和强度。事实上他可能尤其以强度作为数量概念的依据（例如参见 2.8 的后半部分）。当他说到"质量"时，他指的是所涉及的快乐的"内在本质"（2.4；更高的快乐的优越性同样是"内在的"）。于是，密尔申辩称，更高的快乐的内在本质是这样的，对于乐于其中的人而言，它比任何数量的更低的快乐之乐趣都要有价值，而无论后者的强度如何。

两难困境的第一个难题是让密尔继续作为一个完全的快乐主义者，但代价是放弃更高／更低快乐的区分。其论点是，一个完全的快乐主义者必须接受，使一种经验比另一经验更有价值的东西只能是它的愉快性（pleasantness）或快乐性（pleasurableness）（或者，以我们对快乐主义的广义理解，是它的

---

[1] 这一论述的版本可见，布拉德利：《伦理学研究》，第 116—120 页（Bradley 1927）；格林；《伦理学绪论》，第 167–178 页（Green 1883）；马蒂诺：《伦理理论种种》，第 2 卷，第 305–308 页（Martineau 1885）；摩尔：《伦理学原理》，第 77—81 页（Moore 1903）；拉斯达尔：《善与恶的理论》，第 1 卷，第 25—27 页（Rashdall 1907）；西季威克：《伦理学方法》，第 94—95 页（Sidgwick 1907）。

乐趣）。所以，如果密尔要在一种更高的快乐与其他更低的快乐在天平上保持平衡，那么逐渐增加后者的快乐，就必然使得天平向后者倾斜，因为每个事物的价值仅在于它的快乐性。

如果密尔否认快乐是以这种方式可通约的，那么该论点接着说，他必须接受更高的快乐更有价值，不是因为它们更让人愉快，而在于别的原因，如它们能使那些经验了它们的人意识到真正的自我。但这会把他推到两难困境的另一个难题，他可能不再是一个完全的快乐主义者。他也许还能说福利在于更高的快乐，但这些快乐的使之为善好的属性（good-making property）不会仅仅是它们的快乐。而且，一旦密尔承认，例如，"自我实现"是一种使之为善好的属性，那么他根本不再可能是一个快乐主义者了，他就不得不承认自我实现的经验，即使不是快乐的，也能增进一个人的福利。

然而，所有这些不过是为了反对密尔而乞题（beg the question）罢了。依密尔所言，快乐经验的价值不仅取决于其持久性和强度，还取决于其质量，其内在本质。[①] 于是，密尔可以表示，更高的快乐之有价值是因为它的快乐性，由此回避了困境的第一个难题。更低的快乐能胜过更高的快乐，唯一方式是其本性可以被转换，从而使它不再是一种更低的快乐。仅仅增进它的数量——即增进快乐经验的持久性和强度——是不够的。只要取消了完全基数可通约性，密尔也就没有必要回避更高的快乐更令人快乐所以更有价值的观点。这意味着密尔通过假定除了快乐性之外再无使之为善好的属性，从而能够避免困境的第二个难题，即他不再是一个快乐主义者。更高的快乐对人们来说是善好的，纯粹是因为它们的快乐性。

不过，这一观点还可进一步地追问：更高的快乐的本质是什么，使得它

---

① 值得考虑的是，强度本身是否属于快乐的"质量"，可见达尔：《密尔的快乐主义是前后矛盾的吗?》，第 38 页，注释 1（Dahl 1973）。

们对有所经验的人更有价值？难道不是它们让人自我实现，或者说高尚吗？（事实上密尔在第二章第九段中提到，高尚是生活在更高快乐之中的人之品格的一种特质。）密尔这里能参考他在《功利主义》其他地方强调的一点，这一点也可以在边沁那里发现（Bentham 1789：1.11），即终极目的之必须被接受，是在于它是无须证明的善好（1.5；4.1）。为什么更高的快乐更有价值？因为它们的本质使得它们的乐趣更有价值。但为什么它们的本质使它们更有价值？因为事情本是如此，密尔和边沁都认为，任何福利理论家都必须走到这样一步。对边沁来说，快乐是有价值的，且其价值程度取决于它们的强度和持久性，这就是原始事实（brute fact）。对主张自我实现的理论家而言，自我实现就是善好，这也是一个原始事实。原始事实依然是事实。

所以，概括来说，密尔认为福利只在于快乐的（或有乐趣的）经验，这些经验有价值仅因为它们的快乐性。一个经验的快乐性越长久越强烈，它就越有价值。快乐的性质也影响着它的价值，这里就要考虑不连续性了。例如，一种心灵快乐比一种肉体快乐更有价值，而不管其持久度或强度。这里"心灵的"并不是一种使之为善好的属性，就好似"持续四分钟"不是一种使之为善好的属性。类似的，"高尚的"，也许还有"优雅的"或者"深刻的"，也只是如心灵的一样的经验事实，能以同样方式影响价值。所以密尔可以仍然是个快乐主义者：只有快乐的经验是有价值的，且只有快乐性是一种使之为善好的属性。

尽管如此，还是存在一些对密尔的批评。虽然他可以避免这个经常向他提出的困境，继续作为一个快乐主义者，但在他阐论中确实有些裂罅。如果我们相信密尔，那么一种经验的快乐程度因而也是其价值程度，既取决于其快乐的持久度和强度，也取决于其心灵的、高尚的以及其他的性质。脱离了乐趣，单靠经验中体现的持久度或强度，似乎根本不会增加其价值。事实上，在痛苦的情况下，持久度和强度越增加，则情形越糟糕，但这只是就痛苦增加而言。依密尔所言，比如说高尚，情况同样如此。一种经验只有高尚，而没有乐趣（如果密尔允许这种情况），那它就没有价值。

但如果高尚可以增加乐趣以及乐趣的价值，我们可以问，它就自身而言为什么不能是一种使之为善好的属性？一种经验是否可以既是非常高尚（或精致，或深奥）的，却又是没有乐趣的，不能为我们生活增加价值？我们也许会好奇，密尔正在研究的那种快乐或者快乐性的观念到底是什么。对边沁来说，快乐是感官的一种内省属性（introspectible property），虽然在持久性和强度上各有不同，但在其他方面则是所有快乐共同的。所涉及的经验的纯粹性质不会影响到这样理解下的快乐性。

然而，密尔不认为乐趣之外的高尚具有价值（2.15）。这里我们看到他对古典功利主义的快乐主义精神的深切承诺，这可在我称之为**"乐趣要求"**（enjoyment requirement）中得到体现：只有快乐性或者乐趣性才让事情成为善好的（这是完全快乐主义的解释性部分）。我们在下一章会看到，密尔认为人类只欲求快乐。唯有快乐是善好的，我们只欲求快乐。这一观点过于狭隘：我们生活中有林林总总的属性，它们增加了生活的价值，这并非是取决于乐趣；而其中一些属性恰恰是密尔所申辩称的、影响了快乐之乐趣性的属性。①

---

① 一个与密尔类似且受摩尔（Moore 1903：第6章）影响的观点有时这样表示，对于不依赖快乐却有价值的事物来说，快乐是一个必要条件；例如见，帕菲特：《理与人》，附录I（Parfit 1984）。例如，知识本身不是价值，但知识的乐趣是有价值的，价值之产生在于既有知识又有乐趣。下一章会讨论这种观点的一个版本，但在此值得指出的是，它面临着我向密尔所提出的类似的问题。例如，如果不依赖于快乐，只要高尚存在就能影响价值，那么为什么当快乐缺席之时，高尚无法增加价值，其理由仍然是含混不清的。

七、有能力下判断的人

由此密尔相信，快乐的或者有乐趣的经验是构成福利的要素，且对于其主体而言，它们的价值在于它们是有乐趣的。如果其他方面相等，一种有乐趣的经验更长久或更强烈，则他比另一种更有价值。但在其他方面并不相等，且经验在性质上存在极度差异时，一种快乐的价值可能远胜于另一种，以至于后者的数量再多也比不上前者的价值。

你可能记得密尔相信，要决定两种快乐中哪个更有价值时，最终下决定的是两者都经验过的人（参见上文引用的 2.5 及 2.8）。密尔随即指出，无论如何都需要引入"有能力下判断的人"（the competent judges）的概念，它与更高／更低之别无关："除了对这两者都熟悉的那些人的普遍意见之外，我们还有什么办法可以用来判定，两种痛苦之中哪种痛苦更厉害，两种快感之中哪种快感更强烈呢？"（2.8，第 13 页）

在强度那里，一种经验具有某种强度是**因为**某人（有能力下判断的人）称其具有那种强度，这一说法可能是奇怪的。毋宁说，下判断的人说它具有那种强度，是因为它确实真有那种强度。既然密尔谈到对质量的判断类似于对数量的判断，那么我们应该设想，一种更高的快乐不会是因为有能力下判断的人说它更高级就更高级。因此密尔自信地说："做一个不满足的人胜于做一只满足的猪；做不满足的苏格拉底胜于做一个满足的傻瓜"（2.6，第 12页）。这些下判断的人会赞同密尔，因为他们有能力评估事物的状况。

于是，有能力下判断的人的裁定（deliverances）是**可作为证据的**（evidential）。它们是一种裁决，据此我们可以来决定什么是**真实的**，而不依赖于任何人的判断。它们也不代表一种脱离了密尔其他哲学承诺的**特定**（ad hoc）设置。作为经验主义者，密尔相信人类知识基于我们感官的裁定。这就是为什么他热衷于将伦理学置于"观察与经验"（1.3）的基础上，我们将在第四章中看到他在证明功利主义时，再次展现了他对观察方法的承诺。此外，快乐主义本身着重强调个体经验向个体呈现方式的重要性，因此快乐主义自身很容易同经验主义相契合。

因为下判断的人的观点仅仅是可作为证据的，所以当然可以认为它们也会出错，而且密尔在允许它们之间存在意见分歧时也暗地接受了这一点。如果所有**"或几乎所有"**有能力下判断的人都偏好这种快乐，那么它就比另一快乐更有价值（2.5，重点符号是我加的）；如果这些人意见不一，则"唯有其中多数人的裁断，才是最终的结果"（2.8）。密尔并非主张大多数人就**一定**是对的，但尊重大多人的决定是唯一合情合理的。他是对的：多数人正确的机会要大于少数人。密尔也许无法为价值的模糊不清和品味的变幻无常留下足够的空间。但是他可能已经接受，要求人们在选择阅读托尔斯泰的快乐和阅读陀思妥耶夫斯基的快乐之间做判断是荒谬的。当然，这并不会威胁到他的主要论点，有些快乐显然比其他快乐更高级。

关于下判断的人的另一种常见的担忧是，他们是否足够不偏不倚。要对相关价值做出有能力的判断，比如说在阅读黑格尔哲学和饮用混合威士忌之间，一个人仅仅**经验过**这两者是不够的，他一定要**乐**（enjoyed）在其中。此外，尽管在文本中没有提及，但我们大概也应该接受，一个有能力下判断的人**得当**且**恰如其分**地享有乐趣。如果你喜欢阅读黑格尔，是因为你回想起一位美貌教师讲黑格尔的情形，而你对黑格尔则一句话都不懂，那么你不是一位有能力下判断的人。如果喜欢阅读黑格尔，是因为你除此以外什么也不能做（如果你被关在房间且手边只有一本黑格尔，那么你会选择阅读它而不是盯着天空凝视），那你也不是有能力下判断的人。在这里，有能力需要一定程度的理解和智识上的好奇心。但是这里涉及了不偏不倚。评估更高享乐价值所需的特征可能同更低享乐所需要的特征在根本上是相反的："对感官主义者缺乏热情的哲学家不能评价某一堕落生活的吸引力，就像一个翻了翻休谟的书的感官主义者评估哲学的快乐一样。"（Ryan 1974：111）。

37　　这里还有些东西要说。有些人是具有某种智性或感性倾向的，他们确实真的难以欣赏那些对于他们的本性不具吸引力的乐趣。但我看不出有什么理由认为这就完全是正确的。我认识的许多哲学家，他们认为阅读哲学的乐趣是有价值的，我愿意接受他们的这种判断，但他们也同样经常展示出了欣赏肉体快乐的能力。至于密尔本人是不是这样一个哲学家，我将很快谈到。

　　然而，密尔的立场不是令人反感的精英主义吗？这个驳难在某种程度上是错位的：重要的是密尔的观点是对还是错，也许真理是令人不快的。但对此我还是要说上一两句，因为对这个问题的反思确实产生了一些关于密尔福利概念的问题。

　　首先，在个人自身并不是他们所拥有的经验是否快乐的最终裁断者这一点上，密尔并没有像亚里士多德那样走得那么远（Aristotle c. 330 BC：1176al5—19）。其次，他并不提倡每个人都应放弃更低的快乐，转而开始阅读哲学或诗歌。重要的不是经验，而是从中得到的乐趣。读哲学却不乐在其中的人，将一无所获。最后，与此相关的是，他不是在表示应该强迫人们去从事此类活动。从密尔的观点来看，这几乎肯定适得其反，因为强制会消除乐趣的可能性，况且无论怎样，让人们自己做决定都是好的功利主义理由（见第八章）。

　　密尔所做的一种假设是，有些经验比其他经验更有价值。除了人们对价值判断的地位有普遍的担心外，这并不是一个特别激进的假设。任何相信狂喜的快乐比剧烈的痛苦更好的人都肯定接受这一点。但密尔还假设，某些让人有乐趣的经验或乐趣，其性质使得它们相对于其他的经验或乐趣有着不可共度的更高价值。他向我们提供了一些这类经验的例子：理智的快乐，感情的快乐、道德情感的快乐，都高于感官上肉体放纵的快乐。正如密尔意识到的，一个人在此几乎不能为自己关于相对价值的观点辩护。但我本人仍准备承认，存在着这样一些不连续性。有这样一个思维实验，选择直接阅读简·奥斯丁的乐趣，或者选择从一个不太剧烈的按摩中获得柔和的身体愉悦，我无疑会选择奥斯丁的作品。那些不同意我和密尔的人，可能会和边沁一样，在我之前的例子中选择牡蛎的生活。

38

　　在密尔的论证中，在这一点上也许做了一些幕后工作，类似于亚里士多德的"实践智慧"概念或明智（phronesis）（Aristotle c. 330 BC：第六卷）。那些能够正确判断经验之价值的人，不仅善于体察那些经验的显著特征，尤其是它们的强度和性质，而且能够对那些特征赋予相匹配的价值权重。对亚里士多德来说，什么是真正快乐的，一些事物有多善好，做出正确判断的是卓越的或有美德的人，而对密尔来说，则是有能力下判断的人。两种人都必须被假定为具有某种官能，从而使他们的判断具有决定性。

　　但对这些判断仍有一个挥之不去的疑问。我在上面提到了边沁和密尔是如何没有清晰地区分"快乐""一种快乐"和"乐趣"概念的。同样，密尔在他关于更高快乐和更低快乐的讨论中，也丝毫没有从中区分出**一种**快乐的概念，比如把阅读哲学与**个体情况下**阅读哲学区分开，后者就像是我希望你们在阅读密尔的作品时能享受到的那种特殊经验。

　　密尔的《功利主义》的目的之一是指导人们如何生活。生活就涉及做出选择，通常是在个人情况下，在一种快乐和另一种快乐之间做出选择。例如，在六点钟的时候，我可能得选择是阅读黑格尔，还是喝金汤力酒。我也许要去咨询一帮有能力下判断的人来帮我做出决定。密尔说一个有能力下判断的人必须经验过这两种快乐。很明显，我正在思考的这两种**个体的**快乐，因为它们还都只是可能，就不可能实际上被任何人经验过。所以必须假定那些下判断的人已经享受过这**两种**乐趣，也就是说在他们自己的生命中已经验

39 过其他个体情况下的这些种类的快乐。

　　但是，如果我始终按照那帮人的意见来做决定，我的生活将会十分质朴。在他们看来，阅读哲学比任何低级快乐都更有价值，是后者无可比拟的。如此看来，如果我尽可能久地坚持读哲学——也就是说，只要我能恰当地乐在其中而非浅尝辄止——并且只有当更高的快乐超出我的能力时，我才去追求更低的快乐，比如喝金汤力酒，那么我的福利会得到最大程度的提升。这就是我们或许称之为福利最大化的**词序**（lexical）观，根据这一观点，最大程度地提升首要价值之后，才去提升次要价值。①

　　如果说密尔本人，由于他所受的教育，确实是一个"半心半意的感官主义者"，相信词序观是正确，这种说法并非不可能。在第二章第七段的开头，他考虑到一些人虽然能够获得更高的快乐，但偶尔会转而追求更低的快乐，这很明显地暗示了他认为这是那些人自身的错误，应归咎于意志薄弱。在同一段的结尾，他申辩称，随着时间的推移，很多试图把这两种乐趣结合在一起的人都"出问题"了。当然，这并不是说，密尔认为更低的快乐是没有价值的。他表示，最终的目的是让生活"尽可能地有乐趣，不管是在数量上还是在质量上"（2.10）。然而，对我来说，最好的生活将是更高的快乐得到最大化；只是由于疲劳、生理需要或其他原因而不再可能追求更高的快乐时，

40 我才去追求更低的快乐。这里又与亚里士多德的观点存在有趣的类似之处，亚里士多德相信娱乐的快乐其本身并没有价值，而仅仅是在卓越活动或美德

------

① 见罗尔斯：《正义论》，第42—43页，注释23（Rawls 1971）。罗尔斯参考了密尔的更高／更低的区分，以及哈奇森类似的区分（Hutcheson 1755）。这个想法也可以在柏拉图那里找到（Plato c. 380 BC；580d—583a）。应该指出，词序也可以引入到比如说理智快乐的领域之内。所以，比如说对黑格尔的认真欣赏是胜过任何数量上肤浅的走马观花。也许获得认真欣赏的最好方式是偶然小酌点金汤力酒。但这种观点似乎仍然太过多地看重思辨了。

活动之余提供了放松的工具（Aristotle c 330 BC：1176b27 — 1177al）。

　　密尔在做比较时所犯的错误在于过于生硬。选择是在一种更高的快乐和一种更低的快乐之间，是在简·奥斯丁和按摩之间二取一。然而，正如密尔本人意识到的那样，人类生活肯定是由这些乐趣的混合体构成。因为密尔认可更高的快乐具有词序上的优先性，所以他无法驻足去考虑乐趣经验的混合体。但是词序观过于极端；如果说密尔的精英主义破坏了他的分析的话，那正是在这一点上。倘若在思维实验的语境下或者人类生活本身中有这样一个选择，要么是阅读简·奥斯丁，要么是这样一个混合体，阅读除了《诺桑觉寺》之外简·奥斯丁的所有作品，同时再加上巨大的和不同数量的低级快乐，那么看起来选择混合体是相当合理的。

　　既然我们指望密尔指导我们如何过整个一生，我们就应该在整个一生的背景下考虑更高与更低的快乐。实际上，密尔为我们提供了这样做的材料，他谈到有能力下判断的人偏好"运用他们高级官能的**生存方式**"（2.6，重点符号是我加的），谈到"**两种生存方式**中哪一种最让人感觉愉快"（2.8，重点符号是我加的）。他在第二章第十段中谈到"生存"的终极目的，并在接下来的段落中继续采用这种全局性（global）的观点。在这一层面上，关于不连续性的主张看起来又是合理的。大多数情况下，做一个不满足的人的确比做一只满足的猪要好，不管猪的乐趣有多长久、有多强烈。

　　严格运用有能力下判断的人来检测整个一生的相关价值，这其中存在一个问题。在这里，下判断的人确实不知道在猪的生活中作为猪是什么样的。我们每个人只能活一次。但我们在解读哲学家时应该宽厚一些，对密尔也不例外。更多时候人与猪做的事情相差无几：吃、喝、做爱、睡觉、玩耍等等。但相较于猪思考成为人是怎样的情形，我们对于成为一头猪是怎样的情形，当然要想得更多。那么在这里，我们的判断"必须被承认为是最终的"（2.8）。

41

41

最后，我们必须考虑密尔关于人的福利的观点是否有不民主的意味。这里重点回想一下福利理论和道德理论之间的区别。一个人可能接受密尔对更高快乐和更低快乐的区分，却否认这种区分应该主导道德，尤其是公共决策中的道德。然而密尔是功利主义者，相信福利应当最大化。既然更高快乐和更低快乐之间存在不连续性，难道他不会这样认为，教育和艺术的税收应该大幅增加，即使因此有可能牺牲如体育之类的其他领域？不管在他的时代，还是我们的时代，这都不会是大多数人的看法，那么密尔是否在提倡一种不民主的政治制度？

事实上，尽管他觉察到多数人的观点和真理之间存在张力，但密尔终其一生都是一个民主主义者。他从更长远的角度来看：随着时间的推移，实现一个能让大多数人过上更丰富更高快乐生活的世界，其最佳机会在于民主。无论怎样，密尔都会接受法国作家亚历克西·德·托克维尔的观点，即在欧洲，除了民主，实际上没有选择其他政治制度的余地（Tocqueville1848："作者的序言"，第一段）。真正的问题是，哪种民主对人类最有益，而密尔将根据自己对人类福利和道德的观点来回答这个问题。

现在我们将要完结专门讨论福利的这两章了。请记住，我一直在独立于道德而讨论福利问题，所以你们即使最终不相信功利主义，也可能会接受密尔关于福利的观点或类似的观点。我们已经看到密尔的快乐主义是如何回应诸如边沁理论的特定问题的，以及密尔本人的观点似乎在方向上偏离了快乐主义，他没有解释"快乐性"概念以及非快乐主义属性在决定善好上的作用（如果只能通过快乐性决定善好的话）。在下一章中，我们将朝这个方向展开。

延伸阅读

对福利理论的概论，见萨姆纳的《堕胎与道德理论》第 5 章（Sumner 1981）；帕菲特的《理与人》附录 I（Parfit 1984）；格里芬的《福祉》第

1—4 章（Griffin 1986）；卡根的《福祉的限度》（Kagan 1992）。对快乐主义的讨论，见布罗德的《五种伦理理论》第 6 章（Broad 1930）；爱德华兹的《快乐与痛苦》（Edwards 1979）；斯普里格的《伦理学的理性基础》（Sprigge 1988）．对密尔的福利概念的讨论除了见布罗德（Broad）一书外，还可见米切尔的《密尔的价值理论》（Mitchell 1970）注释 5 中所引用的评论；马丁的《对密尔质量快乐主义的捍卫》（Martin 1972）；达尔的《密尔的快乐主义是前后矛盾的吗?》（Dahl 1973）；韦斯特的《密尔的质量快乐主义》（West 1976）；伯格尔的《幸福、正义与自由》第 2 章（Berger 1984）；斯科鲁普斯基的《约翰·斯图亚特·密尔》第 295—307 页（Skorupski 1989）；唐纳的《自由的自我》第 1—3 章（Donner 1991）；萨姆纳的《福利、幸福与快乐》（Sumner 1992）；莱利的《论快乐的数量与质量》（Riley 1993）。 43

第三章　经验、欲望与理想

一、真实经验与非真实经验

在上一章中，我概述了密尔的快乐主义。密尔认为，福利——也就是，那些使存在者的生活过得好的事物——在于那些快乐的（或有乐趣的）经验，而这些经验对其主体来说是善好的，也因为它们是快乐的。因为密尔对这两种观点都赞成，所以他可以被称为**完全快乐主义者**。但我们的经验能以两种不同的重要方式来理解，每一种方式都对以其为基础的福利观有多种意蕴。顺便说一句，重要的是要注意到，我将要做出的区分是不依赖于第二章中快乐经验与快乐的来源之间的区分的（游泳的快乐经验与游泳本身的区分）。下面的区分是快乐经验的两种不同观念之间的区分。

我们可以说"经验**某事**"。如果我在品尝拉图酒庄 1970，那么我就在经验喝这款酒。如果我游了六个来回，那么我就经验了六个来回的游泳。这些**真实的经验**（veridical experience）可以与**非真实的经验**（non-veridical experience）对比，后者声称经验到某些真实的事情，但实际上并不是。梦大部分由非真实经验构成。如果我梦见我在骑马，那么我确实有一种经验。但我并没有正在经验骑马，或者说具有骑马的真实经验。我只有骑在一匹真正的活马上才能获得那种经验。在我的梦里，那仅仅是我**好似**正在骑马。

但如果我的梦非常生动，那么它当然与真实的经验有共同的特征。特别是它"从内心"（from the inside）有同样的感觉：**经验本身**是一样的。事实上，我也许不能区分真实的经验与非真实的经验，除非使用外界（extraneous）的标准（例如，在非真实的经验之后，我醒了）。

当密尔申辩称福利在于经验时，他指的是真实经验还是非真实的经验，抑或是两者兼而有之？在此之前，讨论这点为什么重要？想想这个例子（见 Nozick 1974：42—5）：梦境人生。艾哈迈德过着充满了更高快乐和更低快乐的生活。他把尽可能多的时间花在智性和道德追求上，他充分享受这两方面的同时，剩余时间用来享受更低的快乐。比娜在一场车祸后陷入了昏迷，但她的记忆和想象力给了她和艾哈迈德大致相同的经验。

不用过分担心这个思维实验所要求的神经生理学假设。我知道昏迷中的人几乎肯定不会，也不可能有比娜那样的经验。这个例子的重要之处在于，它使我们能够区分两种不同版本的福利经验阐论。一个版本是**真实的经验**阐论，艾哈迈德的生活呈现了高水平的福利，而比娜的生活则毫无价值。在这个阐论中，重要的是存在于这个世界中的某些活动、事件或任何事物的**真实**经验。比娜的经验不过是**好似**参观了国家美术馆、游泳、帮助朋友。 46

艾哈迈德和比娜有大致相同的经验。从**宽泛的**（wide）经验阐论来看，他们的生活将因此具有大致相同的福利价值。根据这种阐论，因为幸福在于经验，而无论这些经验来自现实世界还是梦境，都不会影响到它们对主体的价值。重要的仅仅是经验，是从人们内心来说事情是怎样的。

回到密尔，他的观点是真实经验的阐论，还是宽泛经验的阐论？既然可以用任何一种方式来解读他，那么我们应该同时考虑这两种阐论。我想说的是，每种方式都存在一些问题，虽然问题是不一样的，但都指向一个相似的方向，指向了一种完全不基于经验的福利阐论，我们在第二章结尾看到了密尔本人也在朝这个方向前进。

二、密尔的阐论与本真性的价值

宽泛经验阐论的问题非常直接。它要求我们得出结论，对比娜来说，她的梦想生活与艾哈迈德在现实世界中的生活同样有价值。这是许多人不会接受的。经验对其主体的价值，不仅在于从主体内心来看它是怎样的，也在于经验的来源如何。①

在讨论真实经验的阐论之前，让我简要谈谈一个疑问，即密尔是否可以被认为在推进这一理论。回想一下有能力下判断的人。根据密尔的观点，一种经验比另一种经验更有价值，如果有过这两种经验的人这么判断的话。既然从内心来看，艾哈迈德这类经验和比娜那类经验之间没有区别。所以，可以这样表示，就每个人的内心而言，真实经验与非真实经验之间的差异是无法察觉的，所以，有能力下判断的人只能认为这两者价值相等。

我们在解读知情偏好测试时还是得宽容一些。无论是在梦里还是在现实世界，我们大多数人都有过非真实经验，我们知道某些事情的经验并非如

① 密尔的哲学在整体上至少有两个方面可以看作是在《功利主义》中提出了宽泛经验的解释。一个是他对现象主义（phenomenalism）的迷恋，认为世界在某种意义上是由感觉（sensations）构成的，另一方面是他显然接受了快乐是一种感觉的观点，例如分别可参见 E 9.177—87 以及 AP 31.214, n.。但现象主义者和那些将快乐视为一种感觉的人至少能提出合情合理的理由，以申辩称他们能够始终如一地区分真实经验与非真实经验。

此。虽然我们当时可能不知道这些是非真实经验，但我们往往可以在事后，在主要由真实经验所构成的精神生活中，对它们进行反思。我可以把我在梦中骑马的经验**作为一种非真实**经验与我在骑马时经验**作为一种真实经验**进行比较。至少这就足以让我有可能对它们有不同的评估。

那么我们转向真实经验的阐论。许多人强烈相信，较之比娜，艾哈迈德的生活要好得多，而真实经验的阐论强调了经验的真正性（genuineness），则为这种信念提供了一种依据。但记住密尔是一位完全快乐主义者，他相信经验唯一使之为善好的属性就是它是快乐或有乐趣的。因此，如果密尔接受了真实经验的阐论，他就必须申辩称，艾哈迈德生活中真正经验的价值来源是他乐在其中。它们是真正的（genuine）这一纯粹事实当然很重要，因为依这一阐论，只有真正的经验才有价值。但是，这种真正性不能成为福利的价值来源，或一种使之为善好的属性，因为这会要求放弃快乐主义。

就真实经验的阐论与完全快乐主义的结合而言，这里似乎有一个严重的问题。因为艾哈迈德的生活与比娜的生活是**同样有乐趣的**。如果福利只在于乐趣，那么似乎所有版本的完全快乐主义都必须允许他们的生活具有同等的福利价值。

我们可以代表密尔对这个驳难做出回应。对他来说，一种经验是否比另一种经验更有价值，这是一个需要有能力下判断的人来回答的问题。密尔可能言之成理地论辩道，比娜自己认为她对其经验有多么乐在其中，这并不是有能力下判断的人的看法。因为她无法意识到一个重要事实，即她的经验是不真实的。可一个有能力下判断的人则不会这样。

但是这将我们引到了与上一章结尾相同的问题。回想一下，就快乐价值的评估而言，边沁那里的标准是持久性和强度，而密尔又加上了：其性质，或质量。因此，他可以始终如一地保持他的完全快乐主义，并申辩称艾哈迈德的快乐对他的价值，部分取决于它们是真正的，在这个意义上它们快乐性

48

是受其真正性影响的（他当然也会准确地解释他心中的快乐性是什么，以及它如何可能被真正性影响）。但请注意两件事：首先，他会转向一种亚里士多德式的观点，依后者所言，一种经验有多快乐，不仅仅是由对此有经验的人来判断的。其次，由此来看，密尔就不能说它们是真正的这本身增加了它们的价值，因为那会把完全快乐主义弃之不顾。然而，如果它们是真正的这一点能够影响它们的快乐程度，那为什么这一点本身不能成为价值的来源？艾哈迈德的经验是**关于**学习、审美、道德行动、饮食的真正经验。这些经验之所以对他有价值，部分原因是它们是有乐趣的（所以比娜的生活中也有一些福利价值）。但艾哈迈德经验的另一个使之为善好的属性在于，它们确实是关于学习、审美等方面的经验。

三、超越经验

所以我们应该承认经验的性质，特别是它的真正性，可以直接增加它本身的价值。我们应该超越快乐主义，转向一种不仅考虑乐趣的价值也考虑真正性的价值的观点。自摩尔（1873—1958）之后，这种观点的一个版本我们可以称之为纯**有机**论（the pure organic view）（Moore1903：27—31）。根据这种观点，比如，帮助朋友但并未有乐趣的纯粹经验是毫无价值的；同样地，一种帮助朋友的非真实的乐趣，如比娜的经验，也是没有福利价值的。把两者结合起来才算是有福利价值。既真实又有乐趣的经验才是有价值的，其价值就在于这两种特性的结合。就它们自己而言，单靠真实或乐趣不会给福利增加任何东西。

纯有机论走得太远了。首先，比娜从她的生活中得到了一些东西。这总比她的头脑完全不活动、什么也没有经验的生活要好。其次，一些真实的经验对一个人来说是有价值的，即使它们并不让人产生乐趣。试想，一个相当郁郁寡欢的人，无以为乐，却给自己设定了一项任务，对非洲迄今未被人注意，但在生态上很迷人的地区的植物群和动物群进行分类。他也许不会对构建分类目录的经验享有乐趣（不过我们假设，尽管他从未全神贯注或殚精竭虑地投入其中，但他并不觉得没有乐趣），但这似乎确实让他的生活变得更好了。

因此，根据一种分离性经验（a disjunctive experience）阐论，福利价值产生于真实的有价值的经验以及／或者在这些经验中发现的乐趣，开始显得更有道理。但即使这样，似乎仍有些无法解释的东西。根据分离性的观点，我所从事的任何活动的福利价值既可以来自该活动的经验，也可以来自我对它的乐趣，或者两者兼而有之。但是考虑一下我们那位在非洲的博物学家。根据分离论的观点，这里的福利价值在于他的经验。但为什么对他有价值的一定是他取得了成就这个**经验**呢？我们难道不能说，除了作为一种经验之外，对人类知识总量进行实质性的增加**本身**对一个人来说是有价值的吗？换言之，难道在成就本身的性质中就没有另一种福利价值的来源吗？

创建分类目录当然会涉及某些经验。但是，博物学家的成就并不等同于他的经验。例如，他可能使另一个博物学家发现以前从未注意到的不同种类的鸟之间的联系。这种成就增加了第一位博物学家生活的价值，**即使**这位博物学家自己的经验没有受到它们的影响，或许是因为他从未听到这个成就，或者甚至是因为在他的行动发生影响之前他就去世了。所以成就本身对人们来说是有价值的，这有助于解释为什么我们愿意把那些涉及这类成就的经验算作是有价值的。

那么，我的结论如下，不是所有的福利价值都在于经验、乐趣或什么别的，这并不意味着任何经验的阐论都不成立。在这一点上，那些目前为止在当代已被最广泛接受的福利阐论，将被看作缓解我在经验阐论中指出的诸多困难的一种路径。这就是福利的**欲望**阐论。想想梦境中的人生。比娜的生活比艾哈迈德的生活更糟，可以说是比娜的欲望更少得到满足。跟许多人一样，比娜可能不希望过着梦境生活。正如诺齐克所说，"我们想要**做**某些事情，而不仅仅是拥有做这些事情的经验"（Nozick 1974：43）。我们的博物学家大概有一种强烈的欲望去推动人类对自然界的进一步了解。这个欲望事实上得以实现了，这解释了为什么我们认为当他成功地做到这一点后，他的生活变得更好，即使他可能没有意识到自己的成功。欲望阐论也可以用来对福利的来源做统一的解释，而在拒绝了分离性观点之后，福利的各种来源开始显得彼此完全不相干：某些经验，某些乐趣，某些活动和状态之所以有价值，在于它们满足人们对它们的欲望。密尔有时被解释为一个欲望理论者，部分是因为偏好概念在知情偏好测试中所起的作用。我本人并不接受这种解释，而我在下面两节的论证可以算是在反对这样理解密尔。因为欲望阐论可能会被看作是快乐主义的替换品，因为如果一个人要在当代福利讨论的背景下看待密尔的观点，那么必须对欲望阐论有所理解，也因为欲望阐论的缺陷使我们回到密尔自身前进的方向上，所以欲望阐论值得讨论。

51

四、欲望阐论

回想一下，在上一章开始讨论快乐主义时，我指出福利主义理论既有实质性部分，又有解释性部分。实质性部分告诉你是哪些事物让你变得更好。例如，密尔相信我们变得更好在于拥有各种快乐的经验，这让他成为快乐主义者。任何一个理论的解释性部分都会告诉你，既然实质性部分对人是善好的，那又是什么**使得**事物可以说其具有福利价值？我们已经看到，密尔认为，快乐的理智、道德以及其他经验有助于我的福利，只要它们是快乐的或有乐趣的。换言之，它们是快乐的这一点使得它们有价值。这就使得他成为完全快乐主义者。

在解释性部分上意见不一的福利理论者们却能够在实质性部分上达成一致。例如，欲望阐论的一种形式也可以是快乐主义的一种形式，依其所言，福利在于快乐的经验。但欲望理论者会表示，经验对一个人有价值，不是因为其快乐，而是在于它们是在实现欲望。在另一个方面，一个理论者也可以这样说，福利在于欲望的实现，但一个人欲望的实现之所以有价值，在于这种实现是快乐的。这是要接受完全快乐主义的解释性部分，但不接受其实质性部分。我已经讨论过快乐主义，我在后面会讨论关于福利的第三种观点，它与欲望阐论在某些领域有重合之处。所以我现在要把自己限定在**完全欲望**阐论内，依其所言，福利在于欲望的实现，而一个好生活中之所以存在欲求项（desired items），在于它们是在实现欲望。

我把这种理论一个最直接的版本称为**当前欲望**（present desire）阐论，依其所言，一个人的福利在于其当前欲望的实现。这种观点的问题在于它使得福利判断随着特定时刻而相对化了。人们在特定时刻经常是不理性的，虽然我们那时不会说那些人就是不理性的人。例如，试想一个头脑清楚的青少年，有着丰富多样的生活。某晚，她母亲禁止她去某个夜店。女孩怒不可遏，她冲进她母亲的卧室，她知道床边放着一把左轮手枪。她用枪指着自己的头，她那时唯一的欲望就是报复她母亲。

依照当前欲望阐论，对于那个时刻的女孩来说，"这样活着还不如死了好"这个判断当然是对的，因为那就是她最强烈的欲望。但在她母亲禁止她去夜店之前，这个判断是错的，因为女孩的欲望会有所不同。这表示，要么当前欲望的观点是矛盾的，要么它不真的是一种福利理论——关于如何评估

50

人的生活——而是一种单次福利（welfare-at-a-time）的理论。其次，不管我们如何理解这个理论所做的裁定，在女孩拿枪指着自己头的时候，这个理论是荒唐的。这个理论表示，如果女孩扣动扳机，那她就增进了她自己的福利。

综合（comprehensive）阐论对人的生活采取了一种宽泛得多的看法。依其所言，福利在于人整个一生的欲望的最大实现。综合阐论最明显的版本会根据欲望的强度来给予权重，然后再加以总计。因此，只要设定了下判断就是在强度与数量之间加以权衡，那么对我来说，最好的生活就是最大数量的强烈欲望得以实现。从下面的例子可以看到这种**纯总计性**（this purely summative）观点的困难之处（该例子出自 Parfit 1984：497）：**上瘾**。我为你提供日常所需的毒品。每天早上，你都有对毒品非常强烈的欲望，而我会满足你。注射毒品的效果既不愉快也不痛苦。

53　　按纯总计性观点，你应该对我的供给感到高兴。因为我是在向你提供机会去实现非常大量非常强烈的欲望。但我猜想你会拒绝我的供给，宁愿一开始就没有这些欲望。在此，综合阐论的**全局性**版本可能更加言之成理。纯总计性观点遇到了当前欲望观点同样类型的困难：关注点过窄。当前欲望观点按照一个人生活的特定时刻把对一个人福利的判断相对化。纯总计性观点让一个人基于整个一生来下判断；但这些在某些情况下所做的判断本身很可能是基于短期欲望。全局性观点考虑到了人们事实上在关于如何过整个一生这个问题上有着偏好，提出我最大的福利在于以我最偏好的方式来生活这个欲望的实现。提升我现在实际生活方式的偏好序列，会让我变得更好。由于你不愿依赖我的毒品而生活，那么较之没有毒品依赖的生活，现在这样的生活会使你更糟。①

_____

① 应该指出，全局性观点没有排除总计，排除的只是那种纯总计的特殊方式。

　　然而，这种观点又遇到一个问题。试想这样一个例子，一个孤儿，在修道院长大，对外面的世界一无所知。他有三种人生选择：修道士，厨师或者园丁。他选择成为修道士。但他的个性是那种如果他知道在修道院外面还有其他选择，他会非常愿意选择许多别的生活而非修道士的生活。

　　我们可能同意，从全局性观点来看，在修道院内这个男孩的福利在于实现他过修道士生活的欲望，而不是完全没有生活或者过厨师或园丁的生活。但这不可能是对他最好的生活，因为他在修道院外会活得更好。用于评估福利的偏好一定不是在不知道可能选项下形成的偏好。按照**知情欲望**阐论，对一个人最好的生活是这个人在充分知晓各种可能选项下所欲求的生活，其最大的福利在于那种偏好或欲望的实现。换言之，欲望的实现就是使这种生活是对他们来说最好的生活。

54

五、欲望与理性

　　现在我们来到所有欲望阐论都不可克服的一个问题：它们都依赖于一种观点，而该观点则是基于一种对苏格兰哲学家大卫·休谟（1711—1176）诸观点的特定解释(例如见 Hume 1739—1740：第 3 卷，第 1 节；1751：附录 1)。依照这种观点，对于什么是善好，欲望不接受理性（reason）的批评，因为不存在关于什么是善好的事实。① 换言之，不能批评说，根据某人实际的欲望或在其他特定情况下，相较于其他选择，某人欲望之物对其来说是不那么

---

① 我们可以不予理会下面这个问题，即福利在于欲望之实现这个命题是否是一个关于什么是善好的事实性主张，虽然这个问题很重要。

善好的。因此，欲望阐论受制于偶然性。试想下面的例子，一个人完全知晓他所有可能的选项，正确地做了如下判断，他成为一个成功的政治家会极大地帮助那些受压迫者。但他的恋童癖让他想要和孩子们待在一起，这让他有一个强烈得多的欲望，即成为一个不那么成功的教师。

在这种情况下，虽然这个人是完全知情的（fully informed），但是不仅其他人，而且**他本人都可以**判断出，相较于他可能拥有的其他生活方式，他关于生活方式的最强欲望对他来说远不是那么好。即使在完全知情的情况下，一个人关于其本人福利的判断也可以偏离其最强的欲望。

在这一点上，欲望理论者可以放弃这个要求，即只要某物实现了我拥有的**实际欲望**，那么它就使我变得更好。宁可这样说，福利在于那些会实现我会有的全局性欲望的事物，**如果我是**（1）理性的（即不屈从于类似过强性欲之类的干扰）以及（2）完全知情的。

虽然这些进一步的限定使得那些偏好更可能与关于福利的反思性判断相一致，但它还是并非必然如此。我们可以设想这样一个情况，某人理性的、知情的全局性的偏好会是非常荒唐的（这个例子来自 Rawls 1971：432）：**数草叶者**。卡拉有能力过一种成就非凡、充满友情、爱意和快乐的生活，但在理性和知情选择的境况下，她最强欲求的生活却是数草叶。

依照知情欲望阐论，看起来数草叶肯定是对卡拉来说更好的生活。知情欲望的理论者很可能会拒绝这个例子，会说几乎可以确定卡拉差不多肯定患有某种神经官能症。但这个回应特别清楚地显示了我上面论证一直在说的一点：选取某种特定欲望阐论，是基于事先的某种关于什么对人们是好是坏的观念。

当前欲望阐论之所以被拒绝，是因为我们这样的判断，相较于长久开心的生活，更糟的是以毫无意义的自杀来结束短暂的人生。总计性观点之所以被拒绝，是因为上瘾性渴求（cravings）的满足不是善好。全局性观点之所

55

以被否定，是因为孤儿可获取的更好的生活是在修道院院墙之外。第一个知情欲望观点不包括理性之要求，其被放弃是基于这一点，一个不成功的教师生活，尤其是在对儿童的性欲的支配下，不可能比一个正直的政治家的生活更好。

数草叶者的例子针对的是欲望理论者的最后立足之处，现在他们得放弃了。人的欲望常常不是追求那些对他们最好的事物。我可能在火车上遇到一个陌生人，并且有一个强烈欲望，这个人未来要成功。这个人也许会成功，不过是在我已经忘记他很久之后，所以我的欲望实现了，但这不管怎么样都没有提升我的福利。① 如我们所见，甚至那些更直接关乎某人自己生活的欲望也可能并不符合该人的福利。于是，这些理论无法替代本书之前讨论的那些有缺陷的对经验的阐论。②

为什么欲望阐论成了目前为止最为广泛接受的福利阐论？一个原因很可能是自由观念的吸引力，应该让人们自己决定什么是他们的福利（Scanlon 1993：187—8）。偏好等级（preference-ranking）也可以被看成是提供了对福利进行人际比较的可能性。不过，另一个原因在于各福利理论中没有清楚区分实质性部分与解释性部分。大可以这样表示，一般来看，人之欲望的满足使得他们更好。这是因为欲望常常追求那些善好之物。如果没有更多的解释，如果不把欲望看成是追求某种被认为是善好之物或者是追求某种被认为是善好之物的手段，我们其实无法理解一种欲望，例如对一盘泥巴的欲望

①　这个例子来自帕菲特（Parfit 1984：494）。而拒绝那些允许那类欲望之实现算作福利的理论，其指导原则又是基于一种事先对福利的理解。

②　有人可能说，欲望理论者可以从关于福利的非反思性信念或"直觉"中寻求"融贯论者"（coherentist）的支持，并利用这些信念来打磨他们的理论。但是，我的观点是，这些信念本身表现了，欲望的满足并不是福利的唯一组成部分。我本人更愿意使用非反思性信念作为对福利的指导，而不是对道德的指导，因为在对福利的信念的情况下，意识形态扭曲的可能性较小。关于福利的错误观念很难产生，社会控制的必要性也就较小。

（Anscombe 1957：70）。那些欲望通常就被描述为渴求，**不理性的**渴求。

不过，下面这种提法也不是完全没道理，即欲望的满足之所以对人是好的，在于人的欲望得到了满足。如果这是言之成理的，那我们就不会在诸如一盘泥巴之类情况上感到费解。在通常情况下，我们对某物有欲望是因为我们认为除了在满足欲望这一点外，它在某种方式下是善好（参照 Williams 1973a：261）。[1] 满足欲望不是一种使之为善好的属性，所以欲望阐论以及大量当代福利经济学思想，还有那些以之为基础的想法，都是错的。

六、理想

我们的生活对我们是好的，因为它们包含了某些对我们好的事物，而这些事物是好的，因为它们体现了某些使之为善好的属性。理解福利及其来源的最好方式是把讨论集中在某些核心**价值**上，我这里指的是诸如"成就"之类的抽象概念，这些概念具体体现在个人的生活中。这是回到古希腊人的方法。希腊哲学家们对福利的讨论大多是在提出和讨论一个或多个据说是构成了福利的价值。像其老师柏拉图一样，亚里士多德强调所有正确的福利观都有一个重要的概念性要求，即它已无法改进。[2] 设想一下，我表示福利在于快乐和知识。你可能同意那些价值当然是重要的，但认为友谊也应该包

---

① 这里与有能力下判断的人的**证据**地位有联系：他们对更高的快乐而非更低的快乐有欲望是因为他们的（基于经验的）信念。

② 参见，亚里士多德：《尼各马可伦理学》，1097bl4—20，1172b23—34（Aristotle c. 330 BC），其中参考了柏拉图，参见柏拉图：《斐里布篇》，20e—22c，60b—61a（Plato c. 360BC）；克里斯普：《亚里士多德的包容论》（Crisp 1994）。

括在内。于是，对任何以此方式列出善好或价值的福利观念，存在两种攻讦方式。第一种是论辩说某些所谓的价值不值得列入其中，第二种是说列表不完备。

人是如何选定出一个列表的？人可以只从其信念或哲学家往往称为的"直觉"以及欲望（因为欲望指向善好，所以欲望的目标可以被允许作为列表的候选项）开始，然后对这些信念和欲望进行反思。例如，我可以从快乐是福利的一部分这个信念开始。当我说快乐是一种价值，我是在暗示快乐的经验本身就值得拥有，也许我会接着规定，只要它们是快乐的，它们就是有价值的。我是在表示，一个只由这些经验构成的事物对这一事物的拥有者是善好的。我这里是把摩尔的想法加到了亚里士多德的完备性要求上，即任何所谓价值**本身**的价值最好是在"孤立的"情况下加以考察，以便其可辨识（Moore 1903：91）。这两个方法论上的辅助——完备性要求与孤立的方法——是构建一种福利理论所需的最重要工具。

我这一节的标题是取自摩尔那本书的最后一章。"理想"在于福利得到正确的理解，在于只要生活体现了来自这一理想的价值，那么它就是对人善好的。所以理想可以是快乐主义的；人们甚至可以把欲望阐论算作一种理想阐论，其中只包含欲望实现之价值。引入宽泛的理想概念的要点在于让理论包括那些既不是快乐主义的，也不是仅由欲望之实现而构成的价值，我把这些超出了快乐主义和欲望阐论的理论称为**广义理想阐论**（broad ideal accounts）。在这一点上，我们又可以清楚地参考密尔对福利的阐论。我论证过，密尔是一个快乐主义者，所以明显不能把广义理想阐论归之于他。但他的观点又比当代欲望阐论要远为更接近于我正在勾勒的广义理想阐论。这有两个原因。首先，任何言之成理的广义理想阐论都既要与快乐主义的见解相结合，因为快乐的经验必须至少是那些使生活值得过的事物的一部分，同时又坚定地反对欲望理论，因为欲望的实现不是善好的。其次，我们在第二章

58

看到，密尔非常接近于走出快乐主义，进入一种广义理想阐论。如果他这样做的话，唯一必须放弃的主张不过是乐趣要求——高尚等事物之所以能够被认为增加了经验的价值，只是由于它们引起了那些经验的乐趣性。从某种意义上讲，这只是小小的一跃，虽然对密尔来说，这算是一大飞跃，使他离开了边沁和他父亲留给他的快乐主义遗产。

就摩尔而言，他自己的理想观念如下："到目前为止，我们知道或能够想象的最有价值的事物是意识的某些状态，可以大致描述为人际交流的快乐和从美丽对象中得到的乐趣"（Moore 1903：188）。我不会停下来讨论摩尔对这一点的论证。我们已经看到，主要是由于其论证基础依赖于本章前面所讲的完备性要求，即把福利的成分仅仅限定于经验的那种做法是不值得欲求的。其实引入广义的"理想"概念的关键就在于：要允许把非经验包括在内。但即使我们扩展摩尔的阐论，允许把友谊的非经验面向包括在内（我受到我朋友的尊重等），它仍然是有缺陷的。友谊与审美乐趣看起来确实是福利的重要成分。但一个良好生活难道真的只有这些吗？

例如，还存在摩尔所提到布鲁斯伯里文化圈快乐之外的乐趣。纯粹感官快乐、理智乐趣、身体锻炼的愉悦都要包括在内。适用于此的也许是更泛指的"快乐"这个标题。下一个任务是考虑哪些种类的快乐可以计算入内，其数量多少及原因又是什么（当然，这也是密尔在《功利主义》第二章中要承担的任务之一）。虐待的快乐要包括在内吗？或者那些基于误解了其来源的快乐？诸如此类。

约翰·芬尼斯（John Finnis）在其著作《自然法与诸自然权利》（*Natural Law and Natural Rights*）概括了一种更丰富的权利观念（1980：85—90）。他列出了下面这些良好生活的成分：生命、知识、游戏、审美经验、社交（友谊），实践中的合情合理（practical reasonableness）以及宗教。我已经允许审美经验和友谊包括在内了。宗教是否是一种福利价值似乎严重依赖于上帝是否存在。由于这不是我目前希望讨论的问题，所以我把这个价值放到一边。游戏也许可以包括在我广义的标题"快乐"之下。我真正想排除的是生命，因为它只是福利的条件。单纯生命本身既不是善也不是恶。试想一个极为原始的单细胞生物：它仅仅活着能说增加了它存在的什么福利价值吗？

剩下的是知识和实践中的合情合理。这两种都是重要的价值。知识更好的解释也许是"理解"，其中的关键应是对重要事物的理解。单单知识，例如对大量的铁路时间表的知识，对一个人的福利几乎没有增加，除非其获取、使用和思索能通过活动带来快乐。理解他人，理解人生活于其中的建制的真实性质，理解温室效应或马克思的著作——所有这些都大可以说是构成了福利。

"实践中的合情合理"，或者更好的说法是"实践理性"，也是广义理想之中的一个强有力的候选项。[①] 对人类而言，重要的是，应允许他们有能力支配自己的生活，就其生活的形态做出自治的、知情的和非强迫的决定。这种善好的一个方面是工具性的。如密尔意识到的，就什么对他们是最好的这一问题，每个个体几乎总是最好的判断者；即使对于那些看起来对自己福利的判断力很差的人，如果代表他们来做决定，也往往会使事情变得更糟，尤其是如果这表现了对他们生活造成不必要的侵犯。但实践理性本身也有价值，就如下面这个例子所示（来自 Griffin 1986：9；参照 *SW* 4.20）：你22岁，一个由朋友和家人组成的委员会找到你。其中一个成员告诉你，如果你愿意，委员会将为你掌控以后的生活。委员会将决定你要从事哪种工作，你要在哪里生活，你该沉迷于哪些爱好等。

你的第一个疑问可能是，委员会实际上是否会做出正确的决定。但让我

---

① 在这一点上参考密尔《论自由》第三章的标题"论个性作为人类福祉的因素之一"。第八章对此有更多的讨论。

们假设这个疑问可以先放到一边：你自己以往的决定都很糟糕，而委员会能够提供证据显示它在其他人身上是成功的。然而，像这样把你的生活的控制权拱手让人也是错误的。值得过的生活的一部分就在于自己掌握自己的生活，即使较之这个例子中委员会的掌控，那可能导致更多的错误决定。

因为掌握自己的生活本身就是善好，芬尼斯把实践理性之类的事物包括在他福利价值列表中的做法是对的。不过，它当然对一个人一生的作为也很重要。这部分取决于一个人实践理性是否成功，但这还不是其全部所在。我把这一价值称为"**成就**"（accomplishment）（见 Griffin 1986：索引，s.v.；上文，第 50—51 页）。就像理解那种情况一样，在这一价值的阐明中，某种关于何为重要的观念肯定发挥了作用。仅仅成功是不够的：数草叶者也成功了。即使已经取得成就，也不一定就具备那种想要取得成就的意图。试想，一个靠运气在纯粹的研究过程中发现治愈艾滋病的人。成就似乎与达成卓越有关，而在许多情况下，这一达成至少部分是关乎运气的。例如，我正在思考的生活领域，可能会让我们从中找到让道德、理智或生理官能高度发达的方法。

七、权威主义、意识、多元主义和植物

在对其他哲学家所提供的理想进行反思后，现在我有了福利价值的暂定列表：友谊、快乐（包括审美快乐）、理解、实践理性以及成就。我是在表示，这些价值是使得生活值得过的事物。我已经说过，这个列表可以从两个方向上来进行批评。可以论辩说，我包括了某种我不应该拥有的事物，或者说我错失了某种其他价值。我的列表是非常粗糙的。当我们考虑到人类可用的各种各样有价值的生命形式，以及实现美好生活的更多方式时（生命及其组成部分可能令人着迷、深刻、有趣、充满挑战、令人兴奋、富有创造力、充实、与众不同等），列表的粗糙程度只会更加明显。能为人们带来良好生活的属性之列表非常庞大，即使经过数千年的哲学研究，我们在理解它这一方面仍进展甚微。由于这里还有很多工作要做，而不是进一步捍卫我的列表，因此，我在最后回答一些关于我所提供的广义理想福利阐论的一般性问题。

62

　　首先，权威主义（authoritarianism）。广义理想阐论经常被那些基于精英主义或家长主义的观点攻讦。尽管我把密尔本人的理论描述为快乐主义，因此也是一种狭义的理想阐论，但也被指责犯了同样的错误，就像我们在上一章中看到的那样，因为他的理论并没有让个人去决定各种快乐的经验有多少价值。据说，通过排除了个人作为自己生命价值的最终仲裁者，许多理想阐论不仅忽略了个人自己的视角，而且还为外界干预开辟了道路。

　　对这一指控有两个初步的回应。一个是再一次强调福利理论与道德理论之间的区分。既**允许**他人可以掌握某人的生活，同时又申辩称违背这些人的意志或以任何方式强制这些人是**错误的**，这前后完全一致。但我上面谈到的实践理性的福利价值应该多少能减轻在这一点上的忧虑。一个人必须完全没有能力为自己的生活状况做出重要的决定，然后以家长式为由进行的严重干预才能被设想为是可证成的。

　　其次是关于广义理想阐论所关涉的意识作用（the rôle of awareness）。例如，经验理论者也许会提出，意识到个人生活中的善好就会使得人在该方面的生活更好，然后通过这一点来赢回对自己立场的支持。

　　我能同意这个观点。再想想那个博物学家，他在不了解情况的情况下，在我们对自然世界的理解上取得了重要进展。我申辩称，他的成功实际上使他的生活得到了改善，尽管他从来不知道他的成功，现在我们可以看到，这是因为成就的价值。但这完全符合下面的说法：如果他被告知自己的成功，他就会更好。这是否构成"越多就越好"论据的基础？我应该在列表中添加"意识"吗？我不这样认为。因为如果博物学家听说了进一步的研究，他会（至少某种程度上）欣喜，而欣喜可以归在"快乐"这一标题之下。他也会更好地掌握某些极为重要的事情，至少对他来说是他自己的生活在世界中的位置。这当然是理解的一个核心方面。

再次，有人也许会问，实践理性怎么在如此多样的福利价值中发挥作用。如果要考虑六个不同的价值，如果没有通用尺度，那么彼此之间如何能够权衡？（关于这一问题，见 Griffin 1986：31—7，第 5 和 7 章）

如我在讨论密尔的有能力下判断的人时所说，重要的是意识到作为类型（as types）的福利价值与作为标记（as tokens）的福利价值之间的区分，也就是，作为一个**种类**（kind）的"友谊"与作为**个体实例**（individual instance）的"友谊"之间的区分。友谊比理解更有价值这类提法是荒谬的，因为不可能在种类层次上对福利价值进行排序。但实践理性中无须这样的排序，那里所涉及的人关注的**具体的**友谊或**具体的**理解机会。例如，如果另一国家的一个哲学系向我提供了一份工作，因为那里有些人的工作领域与我的兴趣接近，我可能相信我对哲学的理解会有所增进。但我也可能会认为这太损害我的友谊了。注意，这类推理并不需要把所涉及的价值还原为某种通用尺度。我在有能力下判断的人那部分也讨论过，实践智慧是实践理性重要的组成部分。它部分在于判断出某些选择对一个人的福利所做贡献的能力，即使在福利本身由许多不可化约的价值组成的假设下，这也是完全可设想的。

最后谈谈植物。如果福利观点意蕴了天竺葵的生命**对于天竺葵**是好的，那么大多数人会认为这种观点是荒唐的。但是，经验理论者可能会这样提议，因为我切断了福利与有意识的经验之间的联系，那么我不得不委身于这种观点。如果博物学家的成功能够影响他的福利，即使他完全没有意识到这一成功，为什么我给我天竺葵的肥料不应该增加它的福利呢？

我不得不接受这一点，我们把肥料说成是对天竺葵"好的"。但这里的意思就像我们可能说 20 世纪 30 年代的经济大萧条对德国纳粹是好的，或者不卫生的环境对导致霍乱的细菌是好的。从某种意义上说，对一件事情是好的，是指能够使其很好地运作或"兴旺"。

但当我说成就对一个人是好的，我不是在表示以上这种意义上的好。在霍乱细菌的生活中，没有任何善好之物使得它的生活对它是好的。我的主张是，成就是一种**福利价值**，这一价值在任何生活中的体现都使得个体生活在那个程度上是善好的。现在我们可以看到我是在致力于以下这种**可能性**，即植物的生命可以体现福利价值，就如同我们的生命以及其他许多动物的生命一样。但事实是否如此，将取决于所讨论的价值列表。就我所见，列表中没有任何一种价值可以体现在天竺葵的生命中，我的结论是，植物的生命对它们既不好也不坏。

在这一章中，我遵循密尔的引导，但与他不同的是，我超出了快乐主义。我表明了大多数基于欲望之实现的当代福利理论都失败了，我们应该回到福利的理想阐论。不过，密尔认为他能够证明快乐主义是功利主义的一个组成部分，所以除非我们讨论他的证明，否则我们对福利的讨论就是不完备的。这就是我下一章的主题。

延伸阅读

除了在第二章结尾提到的著作外，对经验和福利的讨论，见斯马特的《一种功利主义伦理学体系概述》第 3 章（Smart 1973）；诺奇克的《无政府、国家和乌托邦》第 42—45 页（Nozick 1974）；格洛弗的《哪种人应该存在》第 7—8 章（Glover 1984）。对欲望阐论的讨论，见艾耶尔的《哲学文集》第 11 章（Ayer 1965）；布兰特的《善好与正当的理论》第 13 章（Brandt 1979）；森·威廉斯：《功利主义及其他》的导论（Sen and Williams 1982）；古丁的《功利与善好》（Goodin 1991）；斯坎伦的《价值、欲望与生活质量》（Scanlon 1993）。对广义理想观念的讨论，见摩尔的《伦理学原理》第 6 章（Moore 1903）；拉什达尔的《善与恶的理论》第 1 卷第 7 章，第 2 卷第 2 章（Rashdall 1907）；拉兹的《自由的道德》第 12 章（Raz 1986）；霍尔卡的《至善论》第 4 章（Hurka 1993）。对福利测量的讨论，见格里芬的《福祉》第 5—7 章（Griffin 1986）。从其他不同领域结合福利理论的有建设性的尝试，见帕菲特的《理与人》附录 I（Parfit 1984）；森的《多元功利》（Sen 1980—1）。

第四章　功利主义的证明与约束力

一、道德理论与方法论

道德理论系统阐论了是什么让行动有了对错之别。密尔在第二章第二段中简洁陈述了他的"信条"或他的道德理论："行动的对错，与它们增进幸福或造成不幸的倾向成正比。"

这是什么意思？那要花点篇幅来讨论（见第五章），但这里我只做如下陈述，密尔的观点，即他在《功利主义》刚开头一段说的"对错的标准"，正确的行动在于产生了快乐多于痛苦的最大净值。这就是功利主义，或者更准确地讲，是功利主义的一种形式。

还有其他的道德理论吗？为了说明和比较，我提一下另外两种。一种是德国哲学家康德（1724—1804）的理论（见 Kant 1785）。对于康德的道德理论，密尔是这样说的："所以你的行动所依据的规则要被所有理性存在者这样承认，它是作为一种法则而被接纳的"（1.4，第 5 页）。

就此而言，这个观点在实践中可以与功利主义相一致，而功利主义可以被认为是唯一的道德法则。但康德不是功利主义者。例如，康德相信，如果其理论得到适当的发展，那么它会表明人永远不应该说谎，**即使**说谎比说真话能产生更大的幸福，因为说真话这条法则会被理性存在者接受，而这会禁止说谎。总之，值得指出的是，即使功利主义与康德主义在实践上的影响是相同的，它们仍然是不同的理论，因为它们赋予行动的理由是截然不同的。这里的区分类似于我第二章在福利理论的解释性部分与实质性部分之间所做的区分。功利主义与康德主义都可以在道德上谴责撒谎，但功利主义会说这是因为撒谎这一行动的错误在于没有使功利最大化，而康德主义者会说其错误在于其不符合那种能普遍化意愿的法则。

第三种道德理论是近来引人瞩目的"美德伦理"。这一理论的根源可以追溯到亚里士多德的著作，其核心观念既不是"最大的幸福"，也不是理性的道德法则，而是有德之人（见 Aristotle c. 330 BC）。人应该像有德之人那样行动。严格来讲，如果规定有德之人按照幸福最大化来行动，那么美德理论在实践上也可以等同于功利主义。但美德理论不这样认为，辩称行美德之事可能不会产生最大的幸福。

这马上会谈到关于这些理论地位的几个问题。一个明显的问题是，这些理论中的任何一种是否**正确**。但这是**关于**道德和道德理论的问题，而不是道德自身之中的问题，也不是密尔《功利主义》的核心兴趣所在；因此我把它放到一边。① 密尔的写作环境是，人们在道德理论上有着激烈的不同意见，他的方法论问题主要是关注于我们如何在不同的道德理论间进行选定。这里要注意两个问题：首先，**如何**在理论之间进行选定；其次，选定所依据的是**哪一个理论**。密尔认为这两个问题是紧密交织在一起的。

---

① 对于密尔自己在道德判断性质和地位上的观点的有趣讨论，见伯格尔：《幸福、正义与自由》，第 1 章。

与存在各种道德理论一样，对于如何在道德理论之间进行选定，也存在各种理论。密尔在第一章第三段中曾轻蔑地拒绝了这样一种理论，也许称其为理论也全然是误导。它讲的是我们的**道德感**能让我们分辨在每个单独的情况下什么是对的。当面对道德困境时，不存在普遍原则，但良心会告诉我们要做什么。密尔对**直觉**理论更重视一些。这种理论也说我们拥有道德本能，但道德本能不在于让我们做出具体的判断，而是认识一般的道德原则。密尔不久就在第三章第七段中指出，直觉主义的观点能够与功利主义相一致，甚至那些拒绝功利主义的直觉主义者也会"认为一大部分的道德都依赖于对我们同胞的利益的考虑"。

密尔认为自己与**归纳主义**学派是同路人，其依据在于对错问题是"观察和经验"之事（1.3）。密尔是经验主义者，相信我们对世界的理解最终完全依赖于我们的感官证据。这就是他为什么那么蔑视道德感的观点（the moral sense view）。道德感必须与其他那些具有物理关联的感官完全不同，而且无论如何，我们感官本身的证据都与道德感的观点相对立，因为在伦理学中存在广泛而深刻的分歧。密尔的经验主义与他的自然主义相辅相成，也就是说，根据自然科学原理，世界最终完全可以被解释，他可能把心理学也算在自然科学之内。他相信，就像我们所有的知识一样，自然科学最终是建立在对我们经验内容的观察的基础上的。因此，毫不奇怪，密尔提出，如果道德理论要得到尊重，那么在道德理论之间做出选择要有相似的根据。

密尔在双重意义上反对直觉主义学派。首先，它是不科学的，它诉诸所谓的"自明"原则，只要人们理解其中所包含的词句就可以理解这些原则，不需要得到经验观察的支持。其次，密尔说，直觉主义道德论者很少提供这些原则的清单，更少把它们还原为单一的第一原则，使其系统化。毋宁说，它们将常识性日常道德本身作为一种权威，或提供一些一般原则来为常识性道德建立基础，而这些原则并不比道德本身更言之成理。

69

即使依据直觉建立了功利主义，密尔也不会满足于此。他认为，道德必须有一个首要原则，而这不可能是自明的，因为这会意蕴了某些我们不具备的特殊的天生道德官能。但这并不是说功利主义能够通过演绎来证明。根据密尔式的功利主义，唯一的善好或终极目的就是幸福，而终极目的是无法证明的。

　　不过我们并不想由此推断，接受或拒绝它必定依赖于盲目的冲动或任意的选择。证明这个词还有一种更广泛的意义，按照这种意义，这个问题就像其他任何一个有争议的哲学问题一样，也是经得起检验的。证明的对象仍然术语理性观念的认识范围之内；不过理性官能处理这个问题并不是只有直觉的方法。我们可以提出各种考虑，这些考虑能够使理智赞成或者不赞成有关的学说，那也是一种证明。（1.5，第 6 页）

换句话说，功利主义原则对那些正确理解它的人并不是那么显而易见的。功利主义原则也不能以一种演绎式的方式来证明，就像人们可以证明医学是一种健康的手段，所以是好的，但**前提**是健康是好的。密尔的确相信，常识道德在很大程度上是由功利主义原则塑造的，表明这一点不难，尽管功利主义原则在很大程度上尚未得到认可（1.4）。那并没有表明该原则是正确的。尽管如此，他表示仍可以为它提供论证，使其建立在一个合理的基础上，与关于医学的主张一样稳固，而他在第四章中正是要提出那些论证。

尽管功利主义的第四章经常被（相当正确地）称为包含了密尔的"证明"的一章，但实际上它的标题是"功利原则能够得到何种证明"。在上面第一章第五段的引用中，密尔没有告诉我们可以采用哪种考虑因素来支持功利主义。他在第四章的目的之一就是要告诉我们怎么做，另一个实际上是他本人对它们的引证。我们又一次看到他在两个层面上工作：方法论层面和具体道

70

德理论层面。

在第四章的一开始，密尔回顾了他在第一章所主张的最终目的不可能得到证明。他说，知识的第一原则"事实上"也不能得到证明。但就事实而言，人们可以诉诸那些判断事实的官能：感官和内在意识。想象一下我们在一个关着窗帘的房间里。我不能用演绎的方式向你证明外面正在下雨；但是我可以带你去窗边，打开窗帘，向你展示下雨了。对于经验主义者来说，如果那还不是证明的话，但也就等于是证明了。在正常情况下，这就够了。

在第四章第一段末尾，密尔问，就行为的第一前提，我们是否可以诉诸感官或其他官能。在本章的第二段中，他提出了另一个问题。既然功利主义观点认为幸福是最终唯一值得欲求的事物，因此不能"直接"证明，那么在相信功利主义之前必须满足哪些条件？在本章的剩余部分，密尔提供了这些问题的答案。可以诉诸的官能是欲望（4.3）。必须满足的条件是：（1）幸福必定是被欲求的，以及（2）其他事物不被欲求。

密尔对（1）的论述是在声名不佳的第三段中。他在第三至八段更详细地讨论了（2）。在第九段他对论证进行了总结，在第十段中给出了证明本身（密尔在第四章第九段中使用了这个词）。由于证明是诉诸了读者对以前论证的考虑，因此密尔论证的两条路线——对所需考虑的讨论以及它们 71 的实际表示方式——是一并进行的。那么，我们可以说证明有三个阶段，第一个和第三个阶段对应于上述两个考虑。在第三段中，密尔试图表明以下内容：

1. 幸福是值得欲求的。

2. 普遍幸福（The general happiness）是值得欲求的。

于是他尽力在下面五段中证明：

3. 幸福之外的其他事物不值得欲求。

这些就是他的功利主义证明的三个阶段，每一个阶段都存在着问题。

二、阶段 1 : "可见的" 与 "值得欲求的"

能够证明一个对象可以看到的唯一证据，是人们实际上看见了它。能够证明一种声音可以听见的唯一证据，是人们听到了它；关于其他经验来源的证明，也是如此。与此类似，我以为，任何东西值得欲求，其唯一可能的证据是人们实际上欲求它。如果功利主义学说自己提出的目的，在理论和实践上都没有被公认为是一个目的，那么就没有任何东西能够使任何人相信，它是一个目的。除非每个人都在相信幸福能够获得的范围内欲求自己的幸福，否则便没有任何理由能够说明，为何普遍幸福值得欲求。然而这却是一个事实，因为我们就不仅有了可允许的所有证据，而且有了可能需要的所有证据来证明，幸福是一种善：每个人的幸福对他来说都是一种善，因而普遍幸福就是对所有个人之集合而言的善。幸福有资格成为行为的目的之一，所以也有资格成为道德标准之一。（4.3，第 42—43 页）

毫不奇怪，这一段是密尔著作中最声名不佳的，因为，正如我们在下一节所见，看起来密尔试图在一个单独的段落中证明功利主义原则。本节中我把讨论限定在他的这一努力上，即说明每个人的幸福——即每个人的快乐经验——对此人是善好的。快乐的就是值得欲求的，这个提法不难被人接受，不过，人们如果疑惑为什么密尔认为他必须要为此提供论证，那也是可以理解的。第三段之后马上回答了这个问题。密尔用了同一种论证类型去试图表明一个不那么言之成理的观点，即我们除了幸福或快乐之外，不欲求任何别的事物。

对密尔论点最著名最有影响的批评来自摩尔的《伦理学原理》。在引用

第四章第三段后，摩尔开始了他那激烈的批评：

> 那么，这就够了。这就是我的第一个观点。密尔如此天真质朴地使用自然主义谬误，真到了任何人所能想象的地步。他告诉我们，"善好的"意味着"值得欲求的"，而且，你只有去寻求发现什么是实际欲求的，才能发现什么是值得欲求的……对伦理学来说，重要就是刚才采取那一步，即自诩要证明"善好的"意味着"欲求的"。好吧，那一步的错误是如此明显，而密尔竟没有发现，这实在让人觉得奇妙。事实上，"值得欲求的"并不像"可见的"意味着"能够被看到"那样，意味着"能被欲求的"。值得欲求的仅仅意味着应该被欲求或应受去欲求的；就像可恶的不意味着能嫌恶的，而是意味着应该被嫌恶的，可诅咒的意味着应受到诅咒的。（Moore 1903：66—7，第 73—74 页）①

"自然主义谬误"是摩尔的专门用语，他似乎用这个词来意指好几件事情。这里他反对密尔，是因为后者把"善好"**定义**为"被欲求的"。摩尔不赞成这类定义的依据被称为"未决问题论证"（open question argument）。摩尔申辩称，一个可接受的定义不应该是悬而未决问题。例如，如果我把"三角形"定义为"由三个直边限定的平面图形"，则我的定义是成功的。因为三角形是否是由三个直边限定的平面图形不是一个悬而未决问题，所以继续讨论则毫无意义。但是，将"善好"定义为"被欲求的"并不能通过测试，因为被欲求的是否是好的，这显然是一个悬而未决的问题。

不管未决问题论证的力度如何，摩尔对密尔的批评都不在点子上。确实不清楚为什么摩尔要那样解读第四章第三段。毫无疑问，这一段话可适用于很多不同的解释，我会在本节末尾尽力提出我自己的解释。但摩尔自己的解释有点奇怪。摩尔所讨论的定义通常都是用引号来标明，就像摩尔自己做的

73

---

① 中译本参见摩尔：《伦理学原理》，长河译，商务印书馆 1983 年版，下同。——译者注

那样。但《功利主义》第四章中没有引号；密尔没有兴趣给词语下定义。①
密尔希望提出幸福是善好的，是值得欲求的，是目的，他在此的设计类似于
摩尔自己在《伦理学原理》最后一章的工作，我在上一章提到，摩尔在那里
申辩称，善好是友谊的快乐以及审美。

　　依照自然主义谬误的另一种看法，犯了自然主义谬误就是试图从非评价
性的前提推导出评价性的结论。几乎可以肯定的是，密尔没有这么做，因
为，首先，这将构成一种"直接"的证明，而他竭尽全力否认这种可能性；
其次，他本人在其生涯的早期就对这一错误进行了谴责（S 8.949—50）。

　　有时，摩尔似乎不那么关注所谓的"善好"的定义或不当的推导派生，
而是关注善好与自然属性的等同，他认为善好是"非自然"属性（即超出了
科学研究的范围）。可密尔不是在申辩称善好等同那些被欲求的事物。他不
仅没有这样说，而且这种说法与他第二章的内容背道而驰。在那里，密尔认
为许多人的欲望已误入歧途，导致他们寻求更低而不是更高的快乐。密尔所
说的是，欲望提供了善好之物的唯一证据。

74　　这其实就是密尔与摩尔在自然主义上的差异，在这里，摩尔的观点比密
尔的观点更可取。如果恰当地理解的话，自然主义必定要求世界最终由科学
来解释。但"善好"与"正当"却不是我们所理解的自然科学所处理的属性，
所以由于自然主义把评价性还原为非评价性，那将排除掉自治的伦理学的可
能性。但是，这两个哲学家之间的分歧不必涉足第四章的核心问题。因为如
果宽泛地理解经验主义的话，那么它不一定是自然主义的。人们可以将其经
验作为一种知识来源，而不必局限于认为我们可以拥有的经验的唯一属性就
是自然属性。

　　但是，必须承认第四章第三段容易造成混淆。密尔在修辞上使用了"可

---

① 密尔在第五章第三十六段脚注中提到的"同义词"，这可以归结为表达上的随意。

见的"与"值得欲求的"之间的相似性，以至有些读者注定会误解他所做类比的某些特定方面。当然，摩尔说得很对，即"值得欲求的"并不意味着"可以被欲求的"，而"可见的"则意味着"可以被看见"。"值得欲求的"是指"值得去欲求"（worth desiring）。但是密尔肯定意识到了这一点，我们不仅应该记住他是能力杰出的英语演说家，而且还要记住他在《逻辑学体系》末尾谴责了对"是"和"应当"的混淆。密尔在第四章第三段中论证所依据的类比是在事实与行为的最终目的之间的类比，而他由此引入了这一章本身。

回想一下我通过拉开窗帘并诉诸你的视觉来尝试向你证明外面正在下雨。现在想象一下，我们正在争论从我的窗户是否可以看到拉德克利夫天文台。我将无法使用"直接的"或演绎的证据说服你。我们将不得不向窗外看，当你看到天文台时，这肯定足以说服你接受它是可见的。

就像我在事实问题上诉诸你的视觉一样，密尔表示，我也可以在终极目的问题上诉诸你的欲求官能。我们之所以对我们欲求的大多数对象产生欲求，是因为我们相信它们在某方面是**有价值的**或**值得欲求的**。① 如果我问你为什么你想要去阿拉斯加度假，你不太可能回答"我就这样做了"。你会提供一些考虑因素说明为什么去那度假、去那是一个值得欲求的假期，如在美丽的地方、与世隔绝的地方你会经验到的乐趣。如果我们检视自己的欲望，我们肯定会发现，快乐至少是我们欲求的事物之一，并且我们将其视为一种值得欲求的事物。正如我上面提到的，密尔同样可以提出一个直截了当的主张，即幸福是值得欲求的，而他的读者中几乎没有人会不同意这一点。但是他希望在论证的最后阶段使用欲求（desiring）和可欲求性（desirability）之间的联系。

75

————————

① 见第三章第五十七段。

有人可能反对在这一点，指出我们的欲望不是绝对无误的。当然，我们欲求之物可能不是善好的，甚至是坏的。此外，可能有些值得欲求的对象并没有得到欲求，这就给密尔最后阶段的证明带来了疑问，他在那里认为只有幸福才是值得欲求的。密尔可能会接受这些观点。正如我们在第二章中看到的，他在第二章第七段中承认有些人只欲求更低的快乐，如果他们接受密尔在第四章中的方法论，他们会认为快乐只在于更低的快乐。正如密尔所提议的，欲望可能会出错，对功利主义的无懈可击的证明是不存在的。他所能提供的种种考虑，是为了确定读者的思想。此类确定当然是他的本章主要关注：他在第四章第一段中谈到了"诉诸"，在第四章第二段中谈到了功利主义的"主张要让人相信"，在第四章第三段中谈到了**给出**证明，**提出**证据，**承认**幸福是目的，让人**信服**事情就是这样。第四章的最后一句话让读者自己做决定。通过诉诸他的读者以及所有其他人所欲求的自然事实，而不是任何自明或直觉的命题，密尔相信他为他的读者提供了一个哲学上值得尊敬的理由来接受幸福是值得欲求的。

第四章第一阶段的结论当然是言之成理的：快乐的是善好的，是值得欲求的，是终极目的。但我们可以质疑密尔对欲望的强调。他的论证要求我们**承认**欲求的对象是善好的，而这种承认本身并不是欲望，而是对使某些事物变得善好或值得欲求的评价性属性的敏感性。密尔可能对谈论这种性质保持了自然主义的缄默（naturalistic reticence）①，他希望避免任何"直觉主义"的指责，导致他夸大了欲求在他证明幸福是终极目的中的作用。

---

① 在与译者的通信中，克里斯普教授表示，这里的自然主义指的是这样一种观点，世界只能由自然科学来解释，所以自然科学不假定"善好"（goodness），也对善好的存在和性质不做探讨。——译者注

三、阶段 2：从每个人的幸福到所有人的幸福

回顾第四章第三段的结束语，密尔表示，为什么普遍幸福（总体快乐的最大化）是值得欲求的，人们能给出的**唯一**理由就是每个人都欲求他自己的幸福。由于事实上每个人**的确**欲求他自己的幸福，所以我们有了人们所要求的所有证据来证明"幸福是一种善，每个人的幸福对他来说都是一种善，因而普遍幸福就是对所有个人之加总的善"。

不难理解，为什么多年来如此众多的解读者一直深深关注密尔论证的这一部分。利己式快乐主义（egoistic hedonism）（追求自己最大的幸福是理性的）和普遍式快乐主义（universalistic hedonism）（你应该追求最大总体幸福这一功利主义观点）之间存在巨大的裂罅，密尔看起来试图要一跃而过。他当然知道这两种观点之间的区别（例如参见 SD 10.71），但必须承认，他似乎并未意识到其重要性。①

密尔需要的是这样一个结论，最大幸福是合情合理或理性行动的一个目的——其实，是唯一目的。由于普遍幸福在此意味着不是个人的目的，而是所有个人之"加总"的目的，因此，他在第四章第三段末尾的主张特别让人困惑。密尔事实上是否意味着普遍幸福是每个人的目的？亨利·琼斯（Henry Jones）认为密尔是这样认为的，但密尔在 1868 年的一封信中反驳了这种提法：

> 至于你从我《功利主义》中所引用的那句话，我说普遍幸福是对所

---

① 例如，在功利主义的第一段中，柏拉图对话录《普罗泰戈拉》篇中的苏格拉底被描述为功利主义者，然而，密尔也清楚地知道，苏格拉底提倡的是一种利己式快乐主义，即认为每个人都有最强烈的理由去追求他们自己的幸福。

有人之加总的善好，那时我的意思不是说每个人的幸福对于其他人而言是善好，虽然我认为在良好社会和教育的状况下会是如此。我只是想在这句话中说，既然 A 的幸福是善好，B 的幸福是善好，C 的幸福是善好等等，那么所有这些善的总和也必定是善好。（16.1414）

"每个人的幸福对于其他人而言是善好"这句话几乎肯定等于"所有个人幸福的总和（即最大幸福）对于每个人而言都是善好"。严格来讲，他这里的最后一句话可以被看成是一种逻辑谬误，许多读者都申辩称已经在第四章第三段的倒数第二个句子那里发现了这种谬误——所谓的组合谬误（fallacy of composition），当把对集合之成员是正确的东西归于集合时，就犯了这种错误。这里有三个大块头（large）的人，但三人之集合却并不大。

但这类主张并不总是错误的：p 是一些黄油，q 是一些黄油，r 是一些黄油，那么 p+q+r 是一些黄油。于是，我们可以看出密尔的意思：善好是可叠加的，因为两个人（同等的）的善好，在其他条件相同的情况下，比他们各自单独得到的善好，含有两倍的善好。然而，密尔证明功利主义时所需要的，恰恰是他在这封信中所否认的其论证中包含的东西。因为利己主义者可能同意密尔的附加假设，却否认这一点，即善好直接转化为目的合理性（the rationality of ends）。也就是说，他们可以申辩称，尽管他们可以通过某种方式产生最大的善好，但这并不是**他们最值得欲求**的结果。相反，他们最值得欲求的是他们自己最大的个人幸福。密尔需要一个不偏不倚的论证。

78　　　除非密尔真正犯了大错，否则他第四章论证背后必定有几个假设。在第四章第三段结尾，密尔认为，在说服读者相信功利主义原则是正确的这一点上，他已经说得够多了。但为什么要说服他们呢？密尔提出的一个假设（我将称之为**道德假设**）是，他们已经开始认真对待道德了。《功利主义》主要针对的不是利己主义者，是为了密尔在道德哲学上的对手直觉主义而写，并且假设他们和任何可能被这本书说服的人都已经接受了存在"对错的标准"（1.1）。密尔认为自己参与的争论，并不是道德这个事物是否存在，而是既然道德存在，那它要求的是什么。

因此，作为道德主义者，读者可能会同意，既然幸福是一种善好，他们也应该在乎其他人的幸福。如果不关心他人，那么道德是什么？但是，他们为什么不得出这样的结论，例如，道德要求幸福尽可能平等地分配，即使这导致达不到整体上的最大化？

在第四章中找不到密尔对这一问题的回答，但他的回答暗含在第五章对不偏不倚的讨论中。密尔相信，不偏不倚这一职责在我们的日常法律和道德实践中分配那些我们认为是应得之物，它本身就直接基于功利主义原则：

> 它涉及功利或最大幸福原则的本来含义。因为最大幸福原则之所以含有合理的意义，全在于它认为，一个人的幸福，如果程度与别人相同（在恰当地考虑了种类的情况下），那么就与别人的幸福同等重要。一旦这些条件得到了满足，边沁的名言"每个人都只能算作一个，没有人可以算作一个以上"，便可写作功利主义原则的一个解释性评注。

（5.36，第77—78页）

在这段的一个脚注中，密尔谈到了赫伯特·斯宾塞（Herbert Spencer）的反对意见，即如果功利主义原则依赖于公正原则，那么它就不能成为道德的首要原则。因为它预设了这一原则，即每个人都有平等的幸福的权利。密尔回应说：

> 这一点可以更准确地表述为，它假定，不论是在同一个人的感受中还是在不同的人的感受中，同等数量的幸福都同等地值得欲求。然而，这不是一种预设，不是需要用来支持功利原则的一个前提，而是功利原则本身。因为如果功利原则不是说，"幸福"与"值得欲求"是同义

79

的，那么功利原则究竟又是什么呢？① 如果这里面真蕴含着什么先在的原则，那么它只能是，算术的真理是可以应用于幸福的评价的，就像可以应用于其他一切可度量的数量一样。（第78页）

因此，在这里，我们有两个假设可能实际上会在密尔第四章的论证中发挥作用，而不是像关心其性质的读者们那样仅仅解释其结构。根据我们在第四章第三段中发现的**加总假设**（aggregative assumption），幸福是可以加总或累加的商品。并且，基于**不偏不倚假设**（impartiality assumption），在累加幸福时，人与人之间的区别无关紧要。总体幸福越大，善好也就越大。② 在本书结尾附近脚注中的那段话，也许是全书中最适合回应利己主义的。③

80　　密尔相信道德最终基于某些目的，就此而言，他的道德观是**目的论的**（telos 是希腊语的"目的"）。在第一章第二段密尔对比了科学与道德，他申辩称：

> 所有的行动都是基于某种目的，因此看起来自然而然地认为，行动规则所具有的特性和色彩必定来自其从属的目的。当我们从事一种追求时，我们需要做的第一件事似乎就是对我们正在追求的事物有一个清楚准确的理解。④（第2页）

---

① 见注释 2，中译本第 78 页。

② 我假设，正如密尔所理解的那样，不偏不倚意味着最大化。每个额外的快乐都与其他快乐一样重要，因此，例如，不偏不倚会排除那种心满意足，即人们认为已经寻求到"足够好"数量的幸福。因为这把那些满足度门槛之外的快乐算得不那么重要。

③ 作为经验主义者的密尔在反对利己主义时引起了一个特殊的问题。利己主义者可能会说，密尔的经验仅为他自己的快乐的存在提供了证据。在这里，密尔必须为其他心灵的存在提供经验主义者的论证。在 E (9.205—6) 的附录中，他根据经验和身体状况之间的相关性提出了这样的论证，见斯科鲁普斯基：《约翰·斯图亚特·密尔》，第239—240页。

④ 这个引用中的第一个从句，让人强烈回想起亚里士多德《尼各马可伦理学》的第一句话。

那么，**观念预设**（Ideological assumption）就是道德规则只能根据其提升某种目的或善好的程度来得到证成。

既然知晓了这些预设，那么我们能够理解密尔对功利主义的证明是准备如何起作用的。他把他本人、他的对手以及他有心去说服的那些读者都看成是处于一个界定终极目的的过程中，此目的将为所有人类行动提供根据。道德以及关心他人显然是要认真对待的事情（道德预设）。道德自身的根据将只在于提升善好（观念预设）。第四章的证明意在表明幸福就是这样一种目的，甚至是唯一目的。如果幸福是唯一目的，那么鉴于加总预设和不偏不倚预设，我们就被导向功利主义的观点，即每个人都要将整体幸福最大化，这是道德对每个人的合理要求。我们会看到，不偏不倚预设总体上主导了密尔的实践合理性（practical rationality），所以不存在与功利主义竞争的原则，不管是道德原则还是别的原则：要求每个人把功利最大化，这不只是道德合理性，而就是合理性**本身**（tout court）。这一点隐含在第四章自身中，在那里密尔尝试证明功利原则不仅是一个道德原则，而且是统治人类行动的唯一原则（4.9；参见4.13）。

这种对密尔的解释本身就提示了密尔在第四章第三段中的主张，即某物是值得欲求的之**唯一**证据在于人们实际上欲求它，即便用他自己的话来讲，这也是夸大其词。因为最后几段论证并没有纯粹诉诸欲望。但这对他来说当然是幸运的，因为如果我们认真对待这个限制，他将能够表明，只有人们实际欲求普遍幸福时，普遍幸福才是值得欲求的。他的"证明"会是一种无用功，因为它说服的只是那些在实践中已接受了功利主义的人。如果我们在密尔的福利理论那里认真对待这个限制，那么类似的困难也会出现。但是，该理论显然不只是诉诸人类的欲望，更多地诉诸了以"理性官能"和"理智"来对诸多那些欲望进行批判（1.5）。

当然，每个预设都给依赖于该预设的证明带来问题。首先，利己主义者

81

可能对密尔的这个很重要的道德预设无动于衷。其次，幸福的总计或如何总计并不清楚明白。最后，纯粹不偏不倚预设可能不仅不能说服利己主义者和那些让自我利益至少具有一定理性分量的人，甚至不能说服那些对密尔目的论道德观有同感的人，他们可能表示除了幸福之外还有其他目的，例如正义，这可能会提供某些理由，在某些情况下不去提升总体善好。最后，密尔对道德的目的论观点可能会受到质疑，有人认为应该指导人类举止的不仅是目的，而且还有自成一体的（self-standing）道德规则，比如说，禁止杀戮或撒谎之类。

在本书后面我会表示，对密尔来说，不偏不倚这个预设格外成问题。他无理地忽视了追求的合理性不仅在于自我利益，还在于诸如公平等其他分配目的。但我这一节的结论是提出这一点，密尔毕竟是个直觉主义者。对上述预设的详加说明并不能使他的论证更言之成理。每个预设在文本中的位置是：道德预设和目的论预设暗含在本书的头两段，加总预设在第四章第三段以及第五章第三十六段的注释，后者还包含了不偏不倚预设。道德和目的论预设也许可以被看成是方法论准则，加总预设可以被看成是经验主义者心理学的技术定理。但不偏不倚预设，这个密尔及其哲学论敌的主要争论点，与任何直觉原则一样是**"先天的"**（a priori）。我在本章已经指出，密尔非常明白直觉主义能够支持功利主义（3.7）。"直觉"只不过是一种没有进一步根据的信念。如我们所见，对于承认这些关于事实和善好的信念，密尔并无不满。他自己的自然主义，以及他厌恶在诸如胡威立这类哲学作者那里察觉到的形而上学和保守主义，使他看不到他和他的对手之间的争论最终不是关于直觉主义本身，而是关于我们应该接受的是何种直觉。

四、阶段 3：除了幸福之外再无他物值得欲求

到第四章第三段结尾，如果我们允许从别处把某些预设引入到文本的这一部分，那么密尔已经完成了证明的前两个阶段。他表示，欲望是可欲求性的证据，因此我们应该接受幸福是值得欲求的。他还论辩道，应该把最大幸福作为我们举止的目的。这种观点的一个问题是，即使幸福是**一个**可以接受的目的，但实际上还有其他目的。而且，使用密尔自己的可欲求性测试，考虑到我们有着除了幸福之外其他事物的欲望，这一驳难也可以得到支持。

所以要证明他所说的只有幸福值得欲求，密尔必须化解这个驳难。密尔的直觉主义论敌提供了一个明显的候选项，美德是不同于幸福的一个目的。密尔接受这一点，也承认人们确实欲求美德（4.4）。那么，他可能采取的一个策略是，申辩称人们欲求美德只是作为幸福的手段，而他自己可欲求性的标准则涉及的是对目的的欲望。

密尔避开了这个选择，反而肯定了人们的确事实上欲求美德，"当作本身就值得欲求的事情"（4.5），这初看起来相当让人吃惊。如密尔所指出，美德"在日常语言中……判然不同于幸福"（4.4），所以，这一开始看起来是他把自己置于那样一大群哲学家中，在表达自己观点时无意中提供了对自己观点完美的反例。但密尔清楚地意识到了这种危险，申辩称他的"观点丝毫也没有背离幸福原则。幸福的成分十分繁多，每一种成分都是本身值得欲求的，而不仅仅是因为它能增加幸福的总量所以值得欲求"（4.5，第 44 页）。

回顾一下，密尔肯定表明了，除了幸福这个目的外，人们不再欲求他物。就幸福而言，他指的是快乐，或者准确地讲，有乐趣的经验。密尔申辩称美德是构成幸福的"成分"（ingredients）之一，这意味着什么？

83

他得出自己结论的一种方式是论辩说，美德**实际上**是一种有乐趣的经验。他的欲求标准旨在确定哪些对象是值得欲求的。如果事实证明我们想要的一切实际上都是一种有乐趣的经验，那么他就可以申辩称，除了有乐趣的经验之外，别无他物是值得欲求的，即使我们欲求美德是出于美德自身，而非取决于它是否有乐趣。

这种解释不可能是对的。密尔的第一个能因其本身而被欲求的例子是金钱，而将当前这种解释用到那个例子一开始就会产生问题，会把密尔的论证变为摩尔所理解的"无聊的胡言乱语"：

> 密尔的意思是这样吗，他承认因其本身而被欲求的"金钱"，这些实在的钱币，或者是快乐的一部分，或者是无痛苦的一部分？他是这样认为的吗，那些钱币本身在我脑海中，并且实际上是我愉快感觉的一部分？如果说的是这个意思，那么这全都是废话：这样一来，没有什么能与别的东西区分开来。

（Moore 1903：71—2，第 70—71 页）

密尔也不可能去这样建议，每个欲求美德的人都**相信**美德与幸福是一样的。因为这样一来就暗示了，一些人（他们的欲望可以作为其观点的证据）所相信的东西，至少在金钱这件事上，是荒唐的。

不过，密尔可以采取另一种更言之成理的方式，就是申辩称，拥有金钱和按照美德去行动是快乐的。然而，密尔并不认为"美德"是一种有乐趣的经验。在这一章倒数第二段中，密尔讨论了习惯和意志，他考虑到了按照美德去行动不必是快乐的，甚至也许是痛苦多于快乐的。

对密尔观点进一步的解释可以参考隐藏在他这些段落话语背后的**联想主义**。[①]联想主义是密尔成长时期的心理学理论，根据这个理论，心理

---

① 见第一章。

学的作用是描述管制我们心理状态之延续的规律。根据联想主义者的说法，大脑就像一张白纸，我们一出生，经验就开始在上面"书写"。一旦我们看到一种经验与另一种经验是如何联系在一起的，我们就会理解思维的运作方式，就像我们通过懂得导致其产生的事物来理解写在纸上的东西一样。在《逻辑体系》中，密尔把"联想的第二律"概括如下："当两种印象或同时或连续地经常被经验（或甚至想到）时，每当其中一种印象或这种印象的观念重现时，往往会激发另一种印象的观念"（8.852）。如果你总是觉得自己见过的火是热的，那么看到火或想到火就会使你想到热。

在解释那些原本是幸福的手段的东西如何成为本身被欲求的东西时，密尔显然就是持类似的想法。他常常说到那些事物与幸福之间发展起来的联系，例如，他说美德"通过由此形成的联系，人们会感到它本身就是一种善"（4.7，第 46 页），并且那些"为了美德本身而欲求美德的人，或者是因为，对美德的意识是一种快乐，或者是因为对没有美德的意识是一种痛苦"（4.8，第 46 页）。

这是关于美德作为目的而被欲求的因果主张。我们开始欲求美德只是作为满足其他的、也许是"原始"（4.6）欲望的手段。例如，我也许欲求慷慨，因为我知道你会以礼物来回报，而我将从中获得巨大的快乐。但我脑海中发展出美德与快乐之间的联系，我开始欲求美德自身，不再将其仅仅作为手段。

这个因果主张与密尔这一章末尾的另一个论证有关联，即"对任何事物的欲求，如果其强烈程度与认为它令人快乐的程度不成比例，那在物理上和形而上学上都是不可能的"（4.10，第 47 页）。"形而上学"在密尔那里差不多肯定意指"心理学"（参见 4.9；参见 Mandelbaum 1968：39），他的观点看起来是，对任何目的之欲求的强度，都与欲求者对这一想法的愉快程度成

85

正比。①

　　毫无疑问，密尔确实在第四章提出了这些因果主张，但它们还是不足以证明他的结论，即只有快乐才作为目的被欲求。即使人们接受了他的联想阐论，接受了美德和金钱是如何因其本身而被欲求的，但这些事物由于本身不是快乐的经验，仍然向只有幸福才被欲求这一主张提出了反例。即使人们同意这一点，即它们之被欲求只在于它们的观念是愉快的，它们仍然是反例。

　　事实上，对于密尔的论点只有一种解释可以让他得出结论。即便如此，我们也必须承认他在谈论对美德和其他事物的欲求时，是相当随便的。但把密尔说成不严谨的也许比说他没能得出结论更宽厚一些。

86 　　由于密尔接受了存在着一些作为目的而被欲求的事物，它们"在日常语言中，判然不同于幸福"（4.4），那么他必须被解读成是在否认这种日常的看法。如果我们要说欲求的只有幸福，那么必定是以下这种情况，我们欲求美德是把其作为幸福的一部分，在做有德之人或做有德的行动时，我们是在欲求**有乐趣的经验**。鉴于人类心理，欲求不能"最终指向的只能是快乐和免除痛苦"（4.11）。密尔的期待必定是，当我们审查我们自己脑海中的内容时，我们会发现我们认可他对日常看法的拒绝，因为在欲求美德时，我们真正欲求的其实是幸福。

　　在密尔第四章第五段对"幸福的成分"阐明那里，这一解释得到了证实：

　　　　功利原则并不意味着，任何特定的快乐，如音乐；或者任何特定的痛苦免除，如健康；都应当视为达到某种叫作幸福的集合体的手段，并

---

① 有人向我建议，密尔的这种欲求就是发现快乐的观点，为他的那个结论，即只有令人快乐的事物才是值得欲求的，提供了一条**先天**（a priori）路线。但是第四章第十段的语言提示了，他那欲求与发现快乐之间的等式实际上是**后验的**（a posteriori），要在反思自己的经验后才得出的。换句话说，依密尔所言，**可以构想的**是，我们应该欲求某种不快乐的事物；但实际上我们没有。

由此被人欲求。它们被人欲求并且值得欲求，乃在于它们自身。它们不仅是手段，也是目的的一部分。（4.5，第 44 页）

于是，说到音乐，密尔指的是音乐的快乐；说到美德，指的是美德的快乐。密尔是通过"幸福"来理解人们所发现的任何有乐趣的经验，并且，正如我们从他对更高快乐的讨论中所期望的那样，这些经验可能千差万别。联想主义仍在这一阐论中发挥作用。确实，正是由于其最初与更低快乐的联系，慷慨才作为目的而被欲求（4.6）。但重要的是要看到，我欲求的对象严格来说不是慷慨，而是慷慨之有乐趣的经验，即慷慨的"快乐"。它不仅成为我幸福的手段，而且成为幸福的组成部分。我的幸福不是某种"集合体"（4.5）；毋宁说，除了构成它的那些有乐趣的经验，其他的都不重要。

很有可能这是密尔福利观和伦理观的另一面，在此他受到了亚里士多德的影响。我们在第二章看到了亚里士多德是如何要求任何关于人的幸福观念都必须是"完备的"。也就是，任何关于人类善好的列表都必须包括所有非工具性的、在人类生活中占据重要地位的善好。依亚里士多德所言，任何一个人的幸福都是由构成幸福的那些善好所组成的。幸福就是那些善好，而不是某种在此之上的"抽象理念"（4.6）。我们也不应该忘记亚里士多德相信幸福只在于美德的践行。密尔没有走得这么远，但他确实遵循了古代传统，把美德作为幸福的一种成分。

回顾一下完全快乐主义涉及的两个主张，其一是福利由快乐或有乐趣的经验构成，其二是这些经验之有价值在于它们是快乐的。密尔在这个论证中只需要第一个主张，因为他在这里希望表达的不过是只有快乐的经验才是被欲求的。但他也很容易被理解成把他自己置身于完全快乐主义之中，因为他申辩称，认为一个对象是值得欲求的，就等同于认为那个对象是快乐的（4.10）。

87

五、心理学与伦理学

密尔的证明显然与他对人类心理的看法紧密联系在一起。人们有时认为他有两种特定的心理学观点：心理快乐主义（psychological hedonism）与心理利己主义（psychological egoism）。

心理快乐主义通常被认为是这样一种观点，人类行动只是为了快乐。密尔当然不是持有这种观点：他在第四章第十一段中认可了意志可以促使行动，而不依赖于任何感知到的快乐。但他似乎的确致力于一种相当技术性的、修正版的心理快乐主义，根据这种理论，人类最终只欲求快乐。因此，任何由欲望促使的行动都会以快乐为目标。①

心理利己主义通常被理解成一种纯粹描述性的观点，即人类行动只是为了促进那些被他们认为是他们自己善好的事物。在这里，密尔显然又不是一个心理利己主义者。他认可人可以为了他人而真的牺牲自己的幸福（2.15—16）。但他确实接受一个版本的心理利己主义来限定欲望的范围，其方式就如同他的心理快乐主义一样。人们**欲求的**不是那些快乐的事物，而是那些**对他们来说**快乐的事物（4.10）。

心理利己主义的一个所谓的经典反例是士兵为了保护战友而自己扑在手榴弹上。如果每个人都只欲求自己的幸福，这怎么解释？这个士兵难道不是为了别人的幸福而牺牲了自己的幸福吗？

我已经说过，密尔认可这些情况，并且的确指出功利主义要求行动者在

---

① 密尔在意志与欲望关系上的观点在其一生中有所改变（见 Berger 1984：16—7；特别是 .302—3，注释 20）。但他这里论证的确明确缺少了意志与欲望，意志是主动现象，欲望是被动感觉。此外，他的论证也需要我这里所理解的这个区分。

他们自己的幸福与他人的幸福之间保持严格的不偏不倚。在密尔的理想社会中，在我自己的善好与我能产生的最大的整体善好之间，不存在裂罅。做功利主义道德要求我做的事情，实际上是我会为了自己的利益最想做的事情。手榴弹的例子仍然是个问题，但至少可以给出一个融贯的解释。就像亚里士多德所说的有德之人，士兵"选择短暂而强烈的快乐而不是持久而温吞的快乐"（Aristotle c. 330 BC：1169a22—3）。但我们如何解释一个处在不那么理想世界中的英雄的行为，他"能够完全舍弃……（他）自己那一份幸福"？我们不得不说这种人的行动不是出于欲望，而是出于习惯所造就的意志（4.11）。然而，仍然存在一个大问题，在心理利己主义的假设下，向那些既没有欲望也没有习惯意志力、在实践中成为功利主义者的人推荐功利主义有多大意义。关于这一点，我将在本章的结尾部分再稍加展开。

同样严重的问题也存在于心理快乐主义那里。即使是像进食这样有乐趣经验的简单欲望，也如亨利·西季威克指出的那样，"食欲经常且自然地伴有对进食快乐的期待，但是缜密的内省似乎表明这两者绝非不可分离"（Sidgwick 1907：45）。① 换言之，似乎确实是我能够区分我对面前的馅饼的欲求，和对吃馅饼的乐趣的欲求。没有理由把我对馅饼的欲求降级成是为了快乐进食这一目的而在欲求一种手段。

此外，我们在第三章看到，似乎确实存在着与经验无关的善好，其本身就是被欲求的。试想这样一个女人：要么她的孩子能够成功，但她却以为他们失败了，并为之苦恼；或者他们会失败，但她以为他们已经成功了，并为之快乐（这个例子取自 Parfit 1984：附录 I）。这样一个女人很可能会为了她的孩子而选择前者。

---

① 西季威克在巴特勒（Joseph Butler，1692—1752），哈奇森（Francis Hutcheson，1694—1746/7）和休谟那里发现了这种观点，即对快乐之物的欲求不总是对快乐的欲求。

这是密尔证明的绊脚石。我们可以在没有心理利己主义的情况下重建第三阶段，以便说人类只欲求自己或他人的幸福。但问题仍然是，似乎有一些独立于幸福之外的善好本身就是人们所欲求的。密尔书中第四章的大部分内容，不是关于功利主义的证明，而是关于一种特定功利观念的证明。这种证明最终并不成功。另外，我重新构建的密尔对功利原则的证明依靠的是诉诸第五章脚注中功利式不偏不倚在直观上的可能性。这一诉诸是否足以证成功利主义，我稍后会做进一步的讨论。

六、约束力

对《功利主义》第三章——"论功利原则的最终约束力"——的研究较少，只是作为讨论更高快乐与更低快乐以及次要原则的第二章与讨论证明的第四章的中间章节。这令人遗憾，因为第三章包含很多有意思的内容，其中一些与我们当前的讨论有关。

在上一节中，我提出了一个问题，密尔认为什么会激发读者按照功利原则来行动。如第三章第一段所示，这是密尔那一时期就提出的问题。习俗道德已经被认为具有约束力了。如果我提醒你答应过今天下午帮助我，你的义务感常常就足以激发你来帮助我了。但这种义务感并不依附于功利原则。密尔这里的问题并不纯粹是心理上的：他不仅在问什么实际上可能激发人们成为功利主义者，而且在问为什么每个人都应该感到有义务按照功利主义来行动。

密尔指出，任何与习俗道德不符的道德理论都会出现这个问题，并接着表示，在道德教育得到改善、功利主义自身可以利用各种道德"约束力"之前，它仍然是功利主义的一个实际问题（3.1—2）。

"约束力"是 18 和 19 世纪伦理学的一个专业术语，边沁将其界定为激发人们行动的快乐和痛苦之源（Bentham 1789：第三章；参照 B10.97）。如果我不进食，那么我会遭受饥饿之苦，这种痛苦的来源就是**身体上的**约束力。对密尔来说，什么是道德上的约束力？

他将其分为两类：外在的与内在的（3.3—5）。外在的约束力严格来讲并不是外在于个人的，因为它们包括了**希望**得到他人的支持，**害怕**他人的愤怒，以及对他人的**同情**。但它们的确在某种方式上直接取决于他人，而内在约束力则不是这样。内在约束力是个人自己的良心，或他们的职责感。密尔这里显示出他受到康德和巴特勒的影响（见 Butler 1726：布道书 2—3；Kant 1785：12—14）。内部约束力源于他人的影响，其方式是通过教育等，但随后就自行其是了，它提供了道德动机和道德关注，而这些道德动机和关注不依赖于涉他（other-regarding）的动机和关注。无论良心是天生的（密尔认为不是）还是后天培养的（密尔认为是），它都可以依附于功利主义（3.6—8）。

但是，我们又一次被问到，**为什么**我们应该如此安排道德教育，使得外部和内部约束力都支持功利主义。密尔对这个问题的回答来自第三章末尾两个至关重要且感人的段落。密尔论辩道，人天生是社会动物，欲求彼此一致。这种自然情感的基础提供了一个答案，回答了一个心理学问题，即人们如何能够被激发在功利主义的基础上行动。外在和内在约束力都能够建立在这一牢固的基础上。其实第三章第十段提出，功利主义可以成为一种**宗教**，其中的每个人都把自己的幸福看得与他人的幸福一样重要。尽管如此，但为什么我们**应该**以这种方式来寻求为功利主义奠定基础？因为作为社会动物，我们会在按照功利主义的生活中找到最大的幸福。我们有着强烈的欲求，希望我们自己的利益与他人的利益和谐一致，而对不和谐有着天然的厌

91

恶（3.11）。那些欲求和谐一致的人相信，"如果缺少它，那就对他们还不够好"。

这里直接联系到对更高快乐的讨论，因为密尔在第二章第四段以及其他地方谈到的道德情感的快乐显然就是他在第三章末尾所指的那种。他论证的意蕴是，随着把人们被教育得越来越不偏不倚，他们会认为——自相矛盾地——他们的生活**对自己来说**是越来越好。

因此，密尔为功利主义提出两个论证。其一是第四章的论证，由文中其他地方的各种假设所支持。这个论证大多基于不偏不倚假设，无疑是有些力量的。但他也从自我利益出发对功利主义进行论证，相信人越是能够扩展其同情、超越自我关注，其生活就越好。我将在本书第六章和第七章提出，密尔的这两个论证都在不偏不倚这个方向上走得太远。首先，就第四章的论证而言，它影响的不仅是福利有多少，而且是谁会得到福利。其次，就第三章的论证而言，很可能出现这样一个时刻，坚持不偏不倚的要求对于自我利益来说代价高昂。

92　　也许有可能会产生这样一个社会，社会中的职责感很强，在每个人的利益之间真做到了完全不偏不倚。但要说在这个社会中生长的每个人都会过上对他们来说尽可能最好的生活，这种说法却是没有道理的。在这种情况下，密尔提出的对功利主义社会的论证不能完全依靠自我利益，而必须诉诸第四章中的证明。而那个证明存在一些问题。

不过，第三章最后两段的论证至少有一部分的说服力。我建议，如果我们在成长过程中不那么关心自己，而是有更强烈的动机去提升他人的利益，我们中的许多人的生活将会得到改善。这暗示了我们应该向哪个方向引导自己的品格，甚至我们的孩子的品格。

这一章跨越了前两章和后两章。第二章和第三章特别关注福利，我们已经看到，密尔在《功利主义》第四章中的论证是在一定程度上试图证明快乐主义。但他也试图证明功利主义，即功利应该最大化的理论。只要区分了福利和道德，认识到功利主义在道德上要求人把福利最大化，功利主义的基本形态就很容易把握了。但功利主义的重要性，以及它可能具有的合理性，取决于对其细节的把握。所以，接下来的一章会详细解释这些细节，特别是密尔自己的功利主义版本的细节。

延伸阅读

　　对密尔的证明有着大量的文献。早期的出色分析和捍卫是赛斯的《密尔"功利主义"中所谓的谬误》（Seth 1908）。其他重要著作包括摩尔的《伦理学原理》第 3 章（Moore 1903）；霍尔的《边沁与密尔对功利主义的"证明"》（Hall 1949）；普廖尔的《逻辑与伦理学的基础》第 1 章（Prior 1949）；拉斐尔的《密尔〈功利主义〉中的谬误及相关谬误》（Raphael 1955）；阿特金森的《密尔功利原则的证明》（Atkinson 1957）；曼德尔鲍姆的《密尔〈功利主义〉中两个有争议的问题》（Mandelbaum 1968）；库伯的《密尔功利原则的"证明"》（Cooper 1969）；德赖尔的《论密尔的〈功利主义〉》（Dryer 1969）；韦斯特的《密尔功利原则的证明》（West 1982）；伯格尔的《幸福、正义与自由》第 1、2 章（Berger 1984）；斯科鲁普斯基的《约翰·斯图亚特·密尔》第 9 章（Skorupski 1989）。对自然主义谬误的讨论，除了摩尔以外，见普特南的《理性、真理与历史》第 9 章（Putnam 1981）。对密尔联想主义的讨论，见斯宾塞的《密尔"证明"背后的心理学》（Spence 1968）。在《密尔论作为幸福之一部分的美德》（Crisp 1996a）中，我捍卫了我自己对证明第三阶段的解释，反驳了伯格尔和斯科鲁布斯基的解释。至于约束力，主要见一些影响了密尔的著作：柏拉图的《理想国》第 1、2、4 卷（Plato c. 380 BC）；亚里士多德的《尼各马可伦理学》第 1 卷（Aristotle c. 330

93

BC）；巴特勒的《十五次布道书》（Butler 1726），第2—3布道书；休谟的《道德原则研究》第9章（Hume 1751）；斯密的《道德情操论》第1卷第1篇（Smith 1759）；康德的《道德形而上学奠基》（Kant 1785）。也见普理查德的《道德哲学建立在一个错误之上吗?》（Prichard 1912）；威廉斯的《自我主义与利他主义》（Williams 1973a）。

94

第五章　什么是功利主义

一、正确性与聚焦点

把功利或最大幸福原则作为道德基础的信条，其主张的是，行动的对错，与它们在增进幸福或造成不幸的倾向成正比。

（2.2，第 8 页）

这段话是《功利主义》中对密尔道德理论最清楚的陈述。在第一章第五段，他已经提到了他在《功利主义》中的两个目的：提出功利主义的阐论，并尽可能地证明它。第二章的题目是"什么是功利主义"，上面的引文就概括了密尔本人的观点。这里"对的"一词肯定意味着"道德上对的"，因为密尔是在谈论关于"道德基础"的"信条"或理论。那么，密尔相信，行动是对的，在于它们增加了幸福；行动是错的，在于它们增加了不幸，削减了幸福。

人们立刻就该注意到一个怪异之处。密尔看起来是认为，对与错可以是程度上的问题，两种性质可以同时存在于相同的行动中。一个行动既增进了

95

幸福，又增进了不幸，那么就它增进幸福而言，它是对的，就它增进不幸而言，它又是错的。

在我们日常关于对错的看法中，有足够的空间来理解密尔这里的观点。设想我发现了一个钱包，里面有好几千英镑。我们大多数人会认为，正确的做法是把它交到警察局。但设想我决定从中拿走几百磅给自己。这当然是错的，却没有全部据为己有**在道德上那么坏**。对的行动可以被理解为或者被规定为，**道德上最好的行动**。① 其他的行动就是错的，但我们可以使用道德恶劣（badness）的概念来谈论对错的程度，这就不会引起混淆。②

在以上引文之后，密尔紧接着写道："所谓幸福，是指快乐和免除痛苦；所谓不幸，是指痛苦和丧失快乐。"这是个重要的限定条件。如果没有它，我们可能会倾向于认为，对的行动是整体上产生最大幸福或快乐的行动。但它当然也有可能产生极大的苦痛，因此，更可取的是另外采取一种较少快乐但快乐之于痛苦后**净值**（balance）更大的行动。对的（道德上最好的）行动是那种快乐之于痛苦后最大净值的行动，如果这不可能，那也是痛苦之于快乐后最小净值的行动。设想，下面是我仅有的一些选项，同时出于论证的目的，假设快乐和痛苦可以这样测量：

96

> 行动 A：20 单位的快乐 +6 单位的痛苦
>
> 行动 B：15 单位的快乐 +2 单位的痛苦
>
> 行动 C：15 单位的快乐 +0 单位的痛苦

快乐之于痛苦的净值的算法是用快乐的单位值减去痛苦的单位值。所以行动 A 比行动 B 在道德上更可取，因为 A 总数是 14，而 B 是 13。但行动 C 胜过行动 A，因为它的总数是 15。所以，**唯一**（the）对的行动是 C。

---

① 注意，这里"道德上最好的"不是意指"功利主义说法中道德上最好的"。我说的是，日常或"习俗"道德让我们在道德上对行动加以比较。

② 在此，人们也用这样一种区分，就此而言的（pro tanto）对错与总体的对错。

　　人们经常说，功利主义的一个吸引力是它简单。当然，密尔在这里说的似乎直截了当：你应该采取行动让福利或幸福最大化，即快乐与痛苦之间的净值最大化。但实际上，不同形式的功利主义之间存在许多差异，其中有些是微妙的，另一些则非常激进。

　　首先考虑密尔理论的聚焦点，即它最终是**关于**什么的（参见 Crisp 1992）。跟大多数功利主义者一样，其实也跟大多数现代道德理论家一样，密尔的**聚焦**点是行动。他主要是在试图回答这样一个问题，"要做的正确的事是什么？"但他也可以聚焦其他概念，如品格。那么他的首要问题会是，"我应该有什么样的品格？"

　　密尔对这一问题的回答可能是，一个人应该有的品格是那种导致其做出使幸福最大化的行动的品格。这种观点符合他在《功利主义》中的表述。然而，他可以提出，一个人应该有的品格是那种（自身）使得幸福最大化的品格。这种观点与《功利主义》中所说的有微妙的差别，因为可能存在这样的情况，具备某种品格就有着某些特征（例如，它在其拥有者身上产生幸福），而这意味着是品格让幸福最大化，而不是品格产生的行动让幸福最大化（参见 Adams 1976）。但是，由于品格自身是由他人或我们自己的行动造成的，所以这些理论在其实践意见上并无二致。因为，如果具有某种品格确实在其拥有者身上产生幸福，那么幸福也是某些行动的后果，正是那些行动使得其拥有者具有了这种品格。

　　然而，这确实表示，密尔夸大了行动的重要性。因为如果你的行动造成我有了某种品格，那种品格又会让我去做一些行动，较之我应该以另一种品格来行事，产生的幸福更少，但拥有那种实际上确实使得幸福最大化的品格，你的行动才正确。从广义的功利主义视角来看，如果我具有这种品格，那么我的生活会比那种我以最有用的行动来行事的生活更好。聚焦于行动可能会让人忽略这一要点。那么功利主义应该聚焦品格吗？不，因为这会

97

遇到同样的问题。道德理论的聚焦点应该尽可能广泛，把行动、品格、动机、遵循规则或诸如此类都包括在内，把整个生活包括在内。换言之，所有功利主义者的首要问题都应该是苏格拉底所践行的问题：一个人应该怎样生活（Plato c. 390 BC：500c2—4）？我们也不该忘记群体和建制问题的重要性，那些**我们**应该怎样生活的问题。不过，无论我是不是在实践角度上问那些我或我们应该怎样生活的问题，我永远最终感兴趣的是，根据正确的理论，要**做**什么——实行哪些行动。

从世界历史的角度，这也可以换种说法。在诸如密尔的各种功利主义形式背后，可以说是遵循如下原则：

P1：世界最佳的可能历史（the best possible history of the world），是其中快乐之于痛苦最大净值的历史。

当涉及我们的生活时，那么这一原则就有了下面的类似原则：

P2：对我们最好的生活，包括对我最好的生活，是那些体现了最佳的可能历史的生活。

至于行动：

P3：最好的行动是那些体现了最佳的可能历史的行动。

所以，从我目前的观点来看，向前展望，最佳的可能历史是从现在开始快乐之于痛苦的净值整体最大，我应该现在就行动以便造成这样的历史，不管这一历史是直接出自我的行动，还是经由品格、遵循规则或诸如此类的中介。

二、实际论与或然论

让我们回到密尔自己的功利主义版本。到目前为止，我认为他的意思是，正确的行动**实际上**是能产生快乐之于痛苦最大净值的行动。但考虑下面的例子：

冒进的（rash）医生。你的病情很严重，有两种治疗方法。一个会给你带来很高的福利，50 级；另一种是相对较低的福利，25 级。不过，第一种疗法的成功率只有 1%，如果失败了，你就会死。第二种疗法肯定会成功。你的医生选择第一种治疗方法，而且成功了。

假设这个例子中的福利能够至少粗略地测量。按照第二章第二段中密尔的功利主义版本，严格来讲，你的医生什么都没做错。因为她采取的行动实际上产生了快乐之于痛苦的最大净值。虽然我们通常不知道具体情况，但总有相似的情况，谨慎的医生采取安全疗法，而冒险疗法成功了。依密尔所言，那些医生做了错误的行动。

密尔的观点可以称之为实际论（actualism），因为它考虑的只是实际发生的情况。任何情况下，正确的行动都是那些实际后果在于产生了快乐之于痛苦最大可能净值的行动。

另外一种功利主义版本把或然性（probabilities）考虑在内。这种功利主义版本只是以下众多道德理论之一，它们对正确性的阐论是根据行为者在行动时所相信的那些得到证成之事。回想上面的例子，那一疗法产生好结果的概率非常低。或然论者会提出，在评估对错时，这些情况是极为相关的，他们会申辩称，冒进的医生做了错事，因为在评估行动进程的对错时，代表福利水平的数字要乘以其成功的或然性。算式如下：

冒进疗法：$50 \times 0.01 = 0.5$。

安全疗法：$25 \times 1.000 = 25$。

从或然论者的观点来看，此处安全疗法明显更可取。

实际论与或然论之间的差别似乎没有引起密尔太多的关注。在第二章第二段，他提出的是实际论的观点，而在其他时候，他准备说行动的道德依赖

99

其"预见的后果"（B 10.112）。这后一个主张等同于第二章第十九段注释中的主张，在那里密尔说行动的道德依赖于行为者的意图。因为密尔相信意图是对后果的预见（AP 31.253）。这里，西季威克在"客观的"与"主观的"正确之间所做的区分可能对我们有所帮助（Sidgwick 1907：207—8）。从客观的角度来看，这个例子中的医生做了正确的事，因为她的行动使得整体幸福最大化。但她没有可靠的理由认为她的行动会成功，因此从主观正确的角度来看，她要受到批评。于是，客观正确在于整体幸福的最大化，而主观正确在于预期整体幸福的最大化。客观/主观的区分使得人们能够既在客观层面上接受实际论，又在主观层面上接受或然论。

重要的是指出这两种都是关于**正确性**的理论。哪一种都无法径直告诉我们，在任何特定情况下应该如何**思考**正确的行动。例如，一个人可以接受以上刚给出的那些客观正确和主观正确的阐论，但提议医生在治疗病人时不应该把主观或客观正确看得太重。毋宁说，他们应该遵循他们在医学院所学的关于良好治疗的条规，并以粗略现成的（rough-and-ready）方式估算或然性。按照功利主义，自我表扬和自我责备也要服从正确性原则，所以如果他们把幸福最大化了，那么他们客观上是正确的，如果他们把预期幸福最大化了，那么他们主观上是正确的。例如，责备并不必然适用于一个人做了客观或主观错误之事的情况。这一点详见本章稍后部分。

主观正确的概念可以让密尔来回应一个针对功利主义的明显毁灭性的驳难。由于其无限延伸至未来，我们永远无法确定地知道我们实施的行动的后果是什么。所以我们永远无法知道如何按照实际论所解释的功利主义来行事。但如果我们在实践中采取或然论，在我们的计算中，意想不到的好的后果与意想不到的坏的后果会相互抵消。所以，如果我无缘无故打了你的鼻子，我不能为自己辩护说我打你**也许**会成为最好的做法，例如，你也许就开始了一场让街道更加安全的运动。因为此处的或然性是几乎全然不可知的。

我所知道的是，打你差不多百分之百会让你受到实质痛苦。所以，按照或然论，我不应该做此事，可以责备我，而无须等待到底有没有运动。①

三、行动与规则

我将转向功利主义各类型中的另一个重要区分，在密尔的文献中这一区分已经受到众多关注。我已表明，依密尔所言，正确的行动在于让幸福最大化。② 这是**行动功利主义**（act utilitarianism）。行动功利主义被哲学家们称为**直接的**（direct）道德理论，因为其理论核心——最大化原则——直接应用于行动。

近些年来，一些写作者把密尔的观点解释为**间接的**（indirect），尤其是解释为**规则功利主义**（rule utilitarianism）的一种版本。规则功利主义也将其理论的聚焦点放在行动上。但行动的正确与否不直接依赖其是否将幸福最大化，而是依赖于某些规则，即大多数人或全体人接受了那些规则，幸福

---

① 密尔必须设定，我们行动的后果，就其所产生的福利或幸福而言，要终止于某处。否则他就得面对在最大化上时间的无限性，那样就什么事情都可以接受了，因为任何行动都不能说是让幸福或实际预期幸福整体上最大化（关于这一问题参见 Nelson 1991 和 Vallentyne 1993）。但既然我们的太阳最终会消亡，那么我们可能对宇宙其他地方的生命形式毫无影响，这对于密尔来说并不是一个严重的实际困难，如果可以让他做出以下设定的话，道德统摄的是地球上的生命。为什么他有权这样限定？当然，宇宙万物的福利都应该得到我们的关注，在哪种情况下，功利主义必须设定具有福利能力的生命是有限的？又是概率论提供了答案：功利主义者必须设定这种生命可以是有限的，这样福利最大化的概念才可以适用。

② 除非论证需要，我不会涉及客观／主观或实际论／或然论的区分。所以，这里的"幸福"能够被理解为指的是幸福（在客观层面上）和预期幸福（在主观层面上）。

就会最大化。对密尔做出的规则功利主义解释中，最有影响力的是厄姆森（J.O.Urmson）的解释（Urmson 1953）。因为这篇文章受到太多关注，我现在就来讨论，希望我的观点也扩展到其他的规则功利主义解释。

厄姆森笔下的密尔的最重要的观点如下：

A.一个特定行动之被证明为正确，在于表明它是符合某种道德规则。表明它违反了某种道德规则，则表明它是错的。

B.表明道德规则是正确的，在于表明对这一规则的承认增进了最终目的。

这样解释密尔的观点与行动功利主义之间存在什么样的不同？想想允诺。如果我向你允诺，而情况则是违背允诺会让功利最大化，那么行动功利主义要求我违背允诺。如厄姆森所指出的那样，这违反了我们日常信念，因为我们倾向于相信人有职责守诺，**只是因为**你做了允诺。这一观点有所修改后，密尔可以认可。他能申辩称，规则需要人们守诺，如果人们普遍接受这一规则，就会最大程度地增进幸福。因为这会使各种有价值的契约和协议得以形成，而人们不互相信任的话，这种情况则绝无可能。所以，由于道德上已证成的规则禁止这样做，所以我在特定情况下的违背允诺的做法不能证明是得到证成的。

我现在概括和简要考虑厄姆森对他这一解释的某些论证。本章后面会对此做充分的讨论。

（1）厄姆森引用密尔在第一章第三段的主张，即直觉主义和归纳主义这两个学派都一致认为，行动的道德是一般法则在特定情况的应用。

密尔确实把自己视为归纳主义学派的一员，也就是，那一学派的哲学家把他们的道德哲学建立在"观察和经验"之上。所以，我们必须假定，他本人认为行动的道德是涉及一般法则或规则在特定情况的应用的。但他接着论证的一般法则是行动功利主义原则。

（2）厄姆森认可第二章第二段中的论述可以被当成是一种行动功利

主义的方式，但他申辩称，这样做会忽视密尔所提及的那些增进幸福或不幸的行动的"倾向"（tendencies）：严格来讲，说某种行动倾向于产生某种结果，只是在说行动的类型而非行动的个例（token-actions）。饮酒倾向于让人兴奋，但我喝的这一杯也许会、也许不会让我兴奋。那么，这里似乎可以很好地把密尔解释为是在把道德原则作为对行动类型的禁止或禁令，解释为他实际上是在说正确的道德规则是那些增进最终目的的规则（我的命题 B）。

（Urmson 1953：37）　103

厄姆森用第二章第二段来支持他所说的命题 B 是密尔的观点。密尔相信 B，我认可这一点；但这一段话并没有表明他这样认为。功利主义传统中的标准指的是个人行动的倾向。例如，仅在边沁《道德与立法原则导论》——那是密尔滚瓜烂熟的书——第二段中，我们找到如下表述：

> 功利原则指的是原则对任何行动是赞成还是反对，要根据行动的倾向看上去是增加还是减少相关利益方的幸福：或者换句话说，是增进还是损害幸福。

也许可以说，这里的"任何行动"，边沁指的是"任何类型的行动"。但这段文字无须采取这种不那么直截了当的观点，因为边沁在别处欣然谈到，一个行动具有某些倾向就像**一个事件**（event）具有倾向一样（1789：4.3），把他理解为是在这段文字中谈论事件的**类型**，这似乎格外不可能。①

---

① 那些还没被说服的人应该读读边沁在第四章第五段中关于如何评估"任何行动的总体趋势"的讨论。显然，这旨在讨论如何评估个体行动的道德性质。否则，既然谈的是人的类型，那就需要边沁谈及"任何一个人"，"那个人"等诸如此类。关于密尔"倾向"一词专门含义上的另一种清晰用法，请参阅他写给约翰·维恩（John Venn）的信，对此的讨论见第 117 页。边沁和密尔对这个词的专门用法也不是误用。在日常语言来说，单个物品能够具有某种倾向，例如，"那艘船有明显的右舷倾向"。

101

于是，倾向不必只是行动类型的性质。如果我现在饮酒增进我的幸福，那么就此而言，它有增进我幸福的倾向。数小时后它让我头痛欲裂，就此而言，它增进了不幸，它有增进不幸的倾向。那么它的整体倾向就是幸福之于不幸的净值，或反之。密尔采取的就是这种用法，"倾向"一词在他的功利主义定义中并没有特殊作用。他所申辩称的行动之正确与其增进幸福的倾向成正比，就等于是在申辩称，就其增进幸福而言，它们是正确的。

（3）在第二章第二十四段，密尔考虑也许存在次要的道德原则。厄姆森认为这些原则起到了他在 A 中所描述的那种作用，所以一个行动如果符合这样一种规则，那它就是正确的。厄姆森承认，诸如第二章第二十四段的主张也许会使得某些规则被看成是仅仅作为最大化的辅助手段。但他说，规则之获取是通过学习某些行动类型的通常效果，承认这一点"并不要求我们对此做出什么解释，而只要规则一旦制定就足矣。"

（Urmson 1953：38）。

最后的主张是正确的，但那些规则的地位问题仍然存在。我在本章下一节会表明厄姆森对它们地位的理解是错的，因此他把 A 归之为密尔也是错的。这也同样适用于厄姆森对第二章最后两句话的引用，在那里密尔说只有在次要原则相互冲突的时候才要参考首要原则。

（4）厄姆森论辩道，在第五章第十四段中密尔清楚表明他认为对与错是"源自"道德规则。

这一段难解，近年来多被其他非行动功利主义者用作解读，本章最后一节以及第七章会加以讨论。

厄姆森反对把密尔归为行动功利主义，而要归之为规则功利主义，迄今为止，我只处理了他的一些论证。下一节我会考虑厄姆森所引用的文本中的那些问题，告诉我们密尔其实是如何看待道德规则的。我希望，这一讨论足以表明密尔不是规则功利主义者。

四、道德思考的各层次

由于密尔认为正确的行动在于把福利最大化，人们可能期待他这样建议，我们总是要自觉且慎思地**力图**把福利最大化，将其作为我们行动的唯一目的。但期待这一点却忽视了功利主义不同类型之间的另一个重要区别。

行动功利主义说行动之所以正确，在于它把福利最大化。我们在第四章看到，密尔在第一章第一段中将其称为正确行动的**标准**。需要指出，行动功利主义应该只被理解为关于正确行动之标准的理论。对于我们究竟应该如何**思考**我们日常生活中的行动，单靠它则一无所获。

不过，行动主义者大可以这样申辩称，我们总是应该在有可能的情况下自觉去力图把福利最大化。我们将其称之为单层（single-level）行动功利主义，因为在此理论家所推荐的是道德行为者只在一个"层次"上思考，即他们的思考一直由行动功利主义本身所支配。

想象一下在单层行动主义者所组成的社会中，生活会是什么样的。虽然你作为人类，大概会情不自禁地享受某些经验，如品尝美食，但你和其他任何人除了把福利最大化之外，没有别的目标。你不会对诸如杀戮、伤害或欺骗之类的行动感到不安。

对于人类来说，这样一个社会是否可能，我深表怀疑。行动功利主义作为单层决定程序（decision-procedure），既要求人在众人（或者，不如说众人的功利）之间做到完全不偏不倚，又要教导人直到其接受这一理论是能理性应用的。这些要求之间存在张力。孩童是在传统和文化中成长的，而人类所有发达的传统和文化都体现了偏私性（partiality）。父母、教师等在社会中与孩童建立了特殊关系，如此才有可能让孩童成长为理性之人。难以想象一个教育系统可以不依靠这些偏私性，也难以想象一旦具备了理性思考能

105

103

106　力，偏私性和依系（attachments）就会凋落。①

单层功利主义者也许会接受这种观点，论辩称，人在其成长过程中会形成一些对特殊关系的心理约束，人应该在此之中**尽可能地**不偏不倚。如哲学家所言，"应该"意味着"能够"。这提出一个问题，这个观点是否有资格被称为"单层"。单层理论家可以表示，所有的**道德**思考者都必须是行动功利主义者。但这忽视了一个要点，特殊关系的发展本身就是道德化。人类的教育成长一直与非功利的实践道德交织在一起。孩子们在很小的时候就会因为对自己、兄弟姐妹或朋友的不公平而感到非功利的道德愤慨。这些反应以及大量类似的明显的自然反应在养育儿童的过程中起着非常重要作用，我们根本就不清楚以上那些反应是否纯粹是文化因素造成的。如果它们不是，那么单层行动功利主义就会崩溃。因为在心理上，一个人生活的道德领域不可能是纯粹功利主义的。这表明，单层行动功利主义不仅对社会是不可能的，对任何社会中的任何个人也是不可能的。

当然，这是一个经验层面的问题，如果不做一些骇人至极的实验，很难想象可以怎样解决这个问题。事实上，在反对单层行动功利主义这一点上，密尔有一个更强的论证。当我们问单层功利主义者为什么他们总是提倡要一直试图把功利最大化时，由于他们是行动功利主义者，他们的回答肯定是这种个人道德思考方法是最有利于整体福利的。但情况看起来非常不可能是这样的。

首先考虑在单层功利主义社会中，人们无时无刻要计算他们可采取的各种行动的福利价值，这需要花费多少时间。事实上，除非有一些规则来指导他们的实践思考，否则他们永远不能停止计算，什么也做不了。从关于计算要花多长时间的规则到密尔所说的"习俗道德"（3.1）的规则，不过一步之

---

① 对于联想主义者来说，这个问题可能更特别，他们相信后来的经验可能与更早的经验有关，参见第一章。密尔会认为，正是这种联系使习俗道德成为可能。

遥。密尔清楚地认识到，没有必要去认为行为功利主义作为一种道德理论需
要把行动功利主义作为一种单层决定程序。有人说，功利主义没有时间来计
算所有行动进程对普遍幸福的所有影响，为了回应这种驳难，密尔写道：

> 我们有充分的时间，那就是人类的全部历史。人类在自己的整个历
> 史中，始终都借助经验了解各种行动的倾向①；正是在这种经验的基础
> 上，才有了生活中审慎和道德的方方面面……有人认为，即便人类一致
> 同意将功利作为道德的检验标准，他们对什么是有用的也意见不一，也无
> 法把自己在这方面的观点教给年轻一代，并通过法律和舆论来予以实施，
> 这种看法的确离奇……人类迄今为止必定已经获得了一些确定无疑的信
> 念，相信某些行动有利于人类幸福；这些信念流传下来，成为大众的道
> 德规则，也成为哲学家的道德规则，除非他成功发现更好的道德规则。

（2.24，第 28 页）

密尔认为，习俗道德，也就是我们大多数人生长过程中所接受的那一套
道德原则，那些禁止如谋杀、偷盗之类的原则是出自"于尚未认识到的一种
标准的潜在影响"（1.4）。人类天生关心自己的幸福，也扩展至关心他人的
幸福，这种关心在我们没有充分意识到的情况下，已经发展出一种在很大程
度上建立在功利原则基础上的习俗道德。道德规则就像一个已经知道自己最
终目的地的旅行者所使用的"地标和路牌"，或者航行时海员所使用的航海
历（2.24）。除非它能让你更接近目的地，否则去找一个地标或查阅一本历
书是没有意义的，而通常这样的参考就是证成了它们。密尔认识到，做一个
单层功利主义者是不可能的，也不会成功，如同在没有导航辅助的情况下不
可能商议一个复杂的航行（2.24）。

因此，习俗道德的规则，粗略地因此也可能是误导地来说，是"经验之

---

① 密尔这里是在日常的非专门意义上使用"倾向"一词，其适用于行动的整个种类。

谈"（rules of thumb）。它们节省时间，而且依据人类多年来的经验而具有可靠性，但它们与任何行动的**最终**证明无关，后者只取决于这种行动增进幸福的程度。正如厄姆森所言，它们在密尔的道德行动标准理论中不起任何作用。但现在出现了一个问题，密尔并不是一个单层功利主义者，他承认习俗道德的规则要纳入我们的道德思考。所以他是在说，虽然功利主义关于行动之对错的理论是正确的，但它**从不**应该在实际道德行为者的道德思考中发挥任何作用吗？换句话说，他是否提供了一种**自我隐忍的**（self-effacing）行动功利主义版本，根据这种理论，在决定过程中，有很好的行动功利主义的理由让我们从不去参考行动功利主义理论（参见 Parfit 1984：40—3）？

事实上，密尔既非单层理论家，也不是**自我隐忍型**理论家：他的观点是**多层**（multi-level）的，且格外精妙（参见 Hare 1981：25—8）。有时候我们应该只遵循那种伴随我们大多数人成长的日常的习俗道德，即不杀人、不偷窃等。顺便说一句，对这种习俗道德性质的反思表明，说它是"经验之谈"会有点误导。我们可以想象一个功利主义者，他用一套经验之谈的习俗道德，进行了如下的思考："我应该杀了我的老板吗？好吧，习俗道德中有一条经验之谈，人们不应该杀人，因为过去的杀戮已经被证明是无助于功利的。所以我想我不应该杀了他。"这种想法思路对我们来说是完全疏离的（alien），对密尔来说也是如此。习俗道德的部分功能是塑造我们的想法，我们如何思考，我们要认真对待哪些选择。习俗道德是植入我们内心深处的，所以在大多数情况下，我们甚至不会问是否要杀人。换句话说，密尔建议我们按照现在的大部分习俗道德行事：真诚地敦促孩子们不要偷窃，抵制撒谎的诱惑，如果这样做就感到内疚，等等。从这个意义上说，他差不多是道德上的保守主义者。但在这里，保守主义可能是唯一言之成理的选择。

但习俗道德**自身**也包含——或更确切地说，密尔相信，它也**应该**包含——行动功利主义的不偏不倚的仁慈（impartial benevolence）原则，例如，当人们遇到习俗道德中的非行动功利原则之间无法解决的冲突时，就应该使用这种原则。比方说，你答应和朋友四点一起喝茶，但你的老板紧急召见你，讨论另一名员工的福利问题。如果习俗道德的非功利主义部分不能解决这个困境，那么你可以使用行动功利主义原则：

> 我们必须记住，唯有在次要原则之间产生冲突时，才必须诉诸首要原则。没有一种道德义务是不涉及某个次要原则的，如果只有一个原则，那么在承认这一原则本身的任何人的心中，都不会对它是何种原则存有真正的疑问。

（2.25，第 31 页）

于是，密尔在此申辩称，在你的日常生活中，你不应该参考功利原则，除非两个非功利主义原则发生了冲突。① 习俗道德在或应该被当作在两个层次上起作用：非行动功利主义的层次以及行动功利主义的层次。我说"应该被当作在起作用"，是因为如我们所预料的那样，既然密尔申辩称，习俗道德建立在功利主义原则上，虽然我们尚未认识到这一点，那么他就承认了功利主义原则并没有让我们**此刻感到**有义务（3.1）。这与当下以义务感为根基的习俗道德形成鲜明对比。我们当下的习俗道德规则是那些我们觉得在道德上有义务遵守它们的，在这方面，它们当然有别于航海中所见到的那些规则。然而，密尔认为，教育和舆论不仅应该用来确保每一个人

110

> 都无法设想，自己的幸福竟然会与损害公众善好的行为相一致，而且要让促进公众善好的直接冲动，成为每个人的习惯性的行动动机之一，并让与之相关的情感，在每一个人的意识活动中都占有一个大而突出的位置。

（2.18，第 21 页；重点符号是我加的，也参见 3.1—5，10—11）

---

① 我们很快会看到，这是对密尔自己观点的夸大，因为密尔相信，理想的习俗道德也会具备行动功利主义原则那种增进整体幸福的纯粹动机。

密尔考虑到，"与我们的同胞团结在一起的欲望"强有力地扎根于人性之中，并由于文化的演进得到进一步的加强；他设想把这种团结感作为一种宗教来传布，以此作为建立功利主义义务感的一种方式（3.10；参见第4章）。

但对密尔来说，还有另一种道德思考层次，它独立于日常道德思考的非行动功利主义或行动功利主义层次之外，是一种超越习俗道德的层次：哲学本身。

换言之，密尔准备参与几种形式的讨论，并提倡我们也这样做。如果我们听到密尔使用道德语言，那他可能使用下面三个层次之一：（1）习俗道德的非行动功利主义层次：例如，"这是勇敢的"；（2）习俗道德的行动功利主义层次：如"喝茶"例子中的困境；（3）行动功利主义的哲学层次，如《功利主义》的第二章第二段。① 听他对一个孩子说偷窃是错误的，这不足为奇。密尔的作品表明，他显然准备好了从习惯道德的角度来言说和思考。但当他涉足严肃的道德哲学时，即申辩称什么**真正**让行动对或错，他会否认错误的行动**只是因为**它们违背了习俗道德。行动之对错仅仅在于它们增进了幸福或不幸。

这就是为什么我们不应该假设密尔在这里是保守的，不应该认为他是在限制用行动功利主义原则来解决习俗道德**中**的冲突，甚至是在禁止**对**习俗道德自身的反思以及由此改变习俗道德。他认为习俗道德没有内在价值："我承认，或不如说诚挚地主张，公认的伦理准则并不是神授的；关于各种行动对整体幸福的影响，人类仍然还有许多东西要学习"（2.24，第24页）。他不排除在哲学反思中参考功利原则，要进行哲学反思这种事业得脱离习俗道德实践生活。密尔醉心于那些哲学家，他们对习俗道德洞若观火，并尽其所能地加以改进。

---

① 这使得解读密尔的作品变得特别困难。因为，如果他的主张明显与功利主义不一致，例如他在1847年写给阿瑟·赫普斯（Arthur Helps）的一封信中表示，不平等本身是不好的（17.2002），那就不清楚他是在哲学理论的层次上说的，还是在习俗道德的层次上说的。参见第一章。

他认为自己的《功利主义》就是在做这样的事。在后面几章，我们将看到密尔在个人自由和两性关系方面对那个时代的习俗道德进行了反思，而那些反思又是如何让他倡导要对支配这些领域的习俗道德原则做出种种重大改变的。

五、苛求与规则崇拜

让我来总结一下各种道德理论之间的区分以及我在本章中谈到的各种功利主义形式之间的区分，因为它们很容易混淆。首先，理论之间的区别在于其**聚焦点**。大多数理论关注行动，但也有一些可能关注品格，或者整个生活。其次，功利主义理论就其关注行动的后果而言，可以是**实际论**或者**或然论**。我提出，密尔似乎受这两种观点的吸引，最好根据两种正确的观念来解释他：**客观正确**，由那些与行为者的信念和期待无关的因素来决定其正确；**主观正确**，其正确是依赖于行为者的信念，或者确切说，依赖于普通人类行为者在相关情境中的信念。我提到的第三个区别是关于正确行动之**标准**（criterion）的概念，也就是说，是什么决定了行为是对还是错。有些理论是**直接的**，将其标准的核心概念直接应用于其聚焦点，无须借助中介。按照**行动功利主义**，行动之所以正确，在于它使福利或预期福利最大化。一个行动是否正确直接取决于它是否最大化。**规则功利主义**是一种**间接**理论，按其所言，行动之所以正确是由于它符合一套普遍接受的规则，这些规则会使福利或预期福利最大化。密尔是一个行动功利主义者。最后，功利主义理论家们对于行为者应该采取何种决定程序存在分歧。**单层**功利主义者倡导在决定过程中遵循功利原则，而**自我隐忍**的功利主义者建议不参考功利原则。**多层**理论家则倡导有时参考功利原则。我表明了密尔的观点是多层那种，他相信在

112

两个或多个非功利原则发生冲突的情况下，我们应该参考功利主义原则，认为功利主义的哲学反思能有助于改变习俗道德。在理解功利主义的时候，区分这些不同是非常重要的。最常见的混淆也许是混淆了多层行动功利主义和规则功利主义，这种混淆仍然存在于许多当代伦理学著作中，例如把提倡遵守日常道德规则的密尔混淆为规则功利主义者。

我现在根据这些区分继续讨论密尔的观点，我想着重讨论的一些问题是在《功利主义》第二章第十九段以及它那个长长的脚注，那是全书最复杂的段落之一。这些问题涉及道德的苛求（demandingness）及其关注范围，涉及密尔是否可能并非完全是一个行动功利主义者，以及对某些多层功利主义形式的所谓"规则崇拜"的驳难。

在第二章第十九段中，密尔提到了对行为功利主义的驳难在于认为其要求太高。理解这一驳难，或许可以通过进一步反思我在前一节所描述的那种单层行动功利主义社会。按那一理论，你不允许把时间花在你自己的个人关切或计划上，花在结交朋友或发展人际关系上，除非做这些事情能不偏不倚地把功利最大化。在你的实践推理中，你自己的福利要与其他人的福利放在一起权衡，而你的福利只与其他人的一样重要。这样一种理论当然是无可救药地要求过高吧？密尔回应了这一驳难，如我们事后所料，他区分了正确的标准与道德行为者的日常思考，申辩称这种驳难是

> 误解了道德标准的确切意义，混淆了行动的规则与行动的动机。伦理的任务是要告诉我们，我们的义务是什么，或者我们可以通过怎样的检验知道那些义务；但没有一种伦理学体系要求我们所有的作为都只有唯一的动机，即义务感；相反，我们绝大部分行动都是出于其他动机，只要不被义务规则谴责，那就是正确的做法。

（中译本第 22 页）

密尔认为习俗道德的坚实基础是功利原则。事实上，这可能为他的主张

提供了一个特别强有力的理由，即应该根据功利主义的哲学反思来评估和改革习俗道德。由于习俗道德容许我们有很大的回旋余地，可以根据义务以外的动机行事，诸如自我利益或对他人的爱，密尔本人想容许这一点，大概是认为我们的这种行动最终将导致幸福的最大化。我们在这两章看到，他确实认为习俗道德对我们的要求应该比现在更多一些。功利主义——纯粹的不偏不倚——在习俗道德中应该发挥比现在更大的作用。道德的要求越高，义务的范围越大，这的确是一个社会道德进步的标志（AC 10.338）。但密尔是一个渐进主义者，他认识到习俗道德方面的改革只能一步一步来。

我们在上一节看到，密尔确实在他的理想习俗道德中为功利主义和纯粹仁慈动机留有一席之地。但他表示，即使我们确实出于职责和功利原则来行动，我们也必须只考虑那些相关人士的利益，比如，在上一节的例子中，你的朋友、你的老板、其他员工，当然还有你自己。其原因如下：

> 根据功利主义伦理学，增加幸福就是美德的目的；任何人（百分之九十九点九的人）都只有在特殊情况下……才有能力极大地做到这一点；唯有在这样的时刻，才要求他考虑公共功利。

（第22—23页）

这段话顺带再次表明，次要原则之间发生冲突是唯一需要考虑的功利原则的时候，密尔在说这个的时候有点夸大其词。这段话的主旨就是错的，密尔写的时候是这样，现在同样如此。因为财产分配的极大不平等，密尔时代的许多人，尤其是闲暇阅读《功利主义》的那些人，像我们现在一样有机会"极大地"增进功利，他们可以捐助有意义的慈善事业，或自己参与慈善事业，以改善那些深深受苦的人们的境遇。功利主义几乎肯定要比密尔所允许的更有要求。事实上，人们不禁会想，密尔在这里是有意地言不由衷。他很清楚，习俗道德距离理想还有多远，而对许多人来说，通向理想的道路看起来要求太高。《功利主义》第三章，特别是最后几段，用华丽的辞藻鼓励人

111

们走上这条道路。在这里，他可能更关心消除疑虑。与其强调功利主义道德的苛求，还不如说服读者成为一个软弱的功利主义者。在下一章我会更多的讨论道德苛求的理论含义。

密尔继续讨论道德思考应该有多大的范围：

> 有些禁忌之事——虽然在特定的场合会产生有益的后果，但出于道德考虑禁止人们去做——一个聪明的行为者就该自觉意识到这类行动，如果大家都去做，就会普遍有害；所以人人都有放弃这类行动的义务。这种认识所蕴含的对公共利益的尊重程度，正是任何一种道德体系所要求的；因为所有的道德体系都命令，凡明显危害社会的行动都要放弃。

（2.19，第 23 页）

所以，密尔有时打算承认，你应该准备把社会看作一个整体，而不仅仅是特定的个体。这段话提出了一个解释上的难题，让我们回到了密尔是行动还是规则功利主义的问题。我已申辩称，密尔不是一个规则功利主义者。间接功利主义的另一种版本，可称为**功利普遍化**（utilitarian generalization），不把参考规则视为必需，但在结构上与规则功利主义非常相似。它要求我们不采取这样的行动，即如果人们普遍采取这样的行动，福利就不会最大化。密尔在这里的陈述似乎非常接近这样一个理论，而厄姆森却没有加以讨论。这意味着如果我违背承诺，**即使**我把福利最大化了，我也做错了。因为违背承诺，如果普遍实行，几乎肯定是"普遍有害的"。

我们需要注意两件事。首先，这段话关切的是行为者的道德思考，而不是道德标准。在密尔那里，这里的"义务"很可能是指禁止我们杀人，偷窃等的义务**感**。正如我们所见，功利原则证成了我们的这种感觉。其次，密尔并没有说他想象的那种情况的后果是有益的，他只是说后果可能是有益的。所以他设想了这样一种情况，道德行为者面对一种情况，习俗道德要求他们做某事，也许是不撒谎。他们认为，在这里无视习俗道德**可能**——也许很可能——产生最好的后果。但是，密尔建议，他们至少应该准备承认，人应该放弃那种可能对他人非常有害的行动。密尔自己可以为此提供一个行动功利主义的证成，但正如他所说，这个观点很可能会被任何道德理论家所接受，而不仅仅是行动功利主义者。

在这种情况下，为什么他们要尊重自己的义务感？密尔在几页后提出了两个论证（2.23）。其一，我们说真话的趋向（inclination）在功利主义那极有价值，在任何场合说谎都会弱化这个趋向。其二，当我们说谎时，我们降低了人类主张的可信度，而后者对普遍幸福也有许多好的影响。所以密尔对习俗道德原则的拥护始终是功利主义的表现。总的来说，尊重那些原则实际上会使福利或幸福最大化。

这就解释了为什么这段引文的结尾之处是密尔的以下主张，即这里所说的行动实际上是"明显危害"社会的。他还认为，我们在考虑任何可能采取的行动进程的后果时，最好是考虑其所属的那一整类行动的后果。在1872年一封写给约翰·维恩的信中，他说：

> 我同意你的观点，正确的方法是用后果来测试行动，测试特定行动要用这些行动的自然后果，而不是用如果每个人都同样那么做会产生的后果。但是，在很大程度上，思考如果每个人都同样那么做会发生什么，是我们发现行动在特定情况下倾向的唯一途径。①

"给约翰·维恩的信"（1872）17.1881

我和他人习惯性的说谎可能有着突出后果，那就是减弱了他们讲真话和相信别人的话的性向（dispositions），而总是有很多别人存在。然而，在某些例外情况下，遵循习俗道德并不会使幸福最大化，在这些情况下，作为一个实际论者，密尔肯定承认不应该遵循习俗道德。但我们无法预测未来，所

---

① 这是密尔"倾向"一词专门用法最明显的例子之一。

以他的建议，即我们通常遵守习俗道德，从长远来看很可能是证成的。

这就解释了为什么密尔不适合被一些哲学家判为"规则崇拜"（Smart 1956：348—9）。想想以下例子（改编自 McCloskey 1957）：

> **警长**。美国西部的一个小镇一直被一系列暴力犯罪所困扰。警长遇到了由镇长领导的代表团。代表团告诉他，除非他把监狱里的那个全镇人都认为是罪犯的流浪汉吊死，否则无疑会发生一场可怕的暴乱，许多人几乎肯定会致残或丧命。这个流浪汉无亲无故。警长知道他是无辜的。

警长应该怎么做？他可以任由骚乱发生；但这将导致许多本可避免的苦难，因为他可以惩罚无辜的流浪汉，从而平息暴民。人们应该得到公平审判、那些已知无辜的人不应该受到惩罚，这是通常的正义规则，打破这些规则，他可以产生最好的结果。

密尔是怎么看待这种情况的？作为一个行动功利主义者，他必须接受惩罚无辜的人确实是正确的行为，如果我们假设这确实会带来功利主义角度下的最佳结果。但是，一个单层行动功利主义者可能会反对说，密尔建议我们遵守规则，没有例外。所以密尔会申辩称，警长应该遵守规则，不绞死无辜的人。从功利主义的观点来看，这是规则崇拜，因为密尔赞成遵守规则，却没有充分的理由。

但是，一旦人们清楚了正确行为的标准和真正道德行为者的决定程序之间的区分，就会发现这个反对意见是错误的。如果警长痛苦抉择时密尔在场，他会建议警长遵守规则。但这是因为遵守规则**在整体**上能让幸福最大化。违反规则会有各种各样的恶果。例如，在这种情况下，警长的策略可能会被发现，或者，即使没有被发现，在将来他可能也会禁不住要去惩罚无辜的人，即使以功利的尺度来看，这也完全得不到证成。在任何特定的情况下，人们是否可以通过违反规则来实现幸福最大化，这在实践中并不那么清楚；而且，因为可以假定，违反规则通常不会让幸福最大化，所以通常不应该考虑违反规则。密尔并不是建议人们把遵守习俗道德作为本身的目的，而是将其作为一种策略，因为他预测，长期来看这会使得福利最大化。鉴于我们对未来的无知，行动功利主义所要求的行动进程几乎总是遵循习俗道德。

然而，密尔允许在习俗规则中有一些明显的例外，如禁止说谎。例如，一个疯子挥舞着斧头，向你询问你朋友往哪边走了，这时你应该撒谎（2.23）。密尔认为，为了防止那些得不到证成的例外，应该对诚实原则的界限进行界定。决定这些界限要通过对行动功利主义原则的哲学运用，并由所涉及的各类情况的经验知识来指导。这同样适用于正义的规则（5.37），我建议（虽然本书尚未结束），可靠的行动功利主义的论证可以适用于对疯子撒谎，而不是绞死无辜的人。

六、分裂的心理与不同的话语

密尔的行动功利主义陈述了，正确的行动是使福利最大化的行动。人们通常假设，任何关于正确行为的理论都会使其持有者认为，我们理性地被要求去做的就是采取正确的行动；换句话说，只要理论适用，我们最强烈的理由（也许是我们唯一的理由）就是按照理论来行动。但事实并非如此。例如，正确的行为总是能使幸福最大化，但也有一些理由，可能是基于自我利益，可能会影响这种行动的实施，这种说法也全然不悖。换句话说，自我利益的理性或合情合理有时会超过道德的要求。

有人可能会说，密尔自己并没有致力于给出行动功利主义的答案来回答那个更一般的问题"我该怎么做？"（与"我在道德上应该做什么？"这个具体问题相对）。因为在《逻辑学体系》中，密尔认为有一种"生活的艺术"，它有三个"部门":"道德""审慎"（Prudence）或"策略"（Policy）以及"美学"（8.949—50）。此外，在《功利主义》第四章第九段证明的结论中，以及第四章第三段的结尾处，他暗示，道德行动只是人类行为的一个领域。以审慎或美学为基础的理由，难道不能与幸福最大化的理由竞争，甚至可能有所超越吗？

这里的答案似乎是否定的，因为功利原则为我们提供了一个测试"所有人类行为"的方法（4.9）。换句话说，"审慎"和"美学"也受这样一个原则的管治，即人们应该把总体幸福最大化。我们从第一章第三段知道密尔认为道德中必须有单一的基本原则。在《逻辑学体系》中，密尔明确指出，行为**本身**只能有一个终极标准，因为承认几个原则是允许它们之间有可能发生冲突（5 8.951）。他继续说：

> 不打算在此证明我的观点……我只是宣布我的信念，所有的实践规则应该遵循的一般原则，他们应该受到的检验，是有益于人类的幸福，或者更确切地说，所有有感觉的存在者的幸福；换句话说，增进幸福是目的论的终极原则。

1865 年版的这段话有一个脚注提到了《功利主义》，并且表明，这个一般原则的证明其实是在第四章。

密尔在讨论中提到了几种具体的"艺术"。每一种都有自己的首要原则，根据这个原则，某物是值得欲求的或"应该是的"。建筑艺术的首要原则是建筑是值得欲求的，建筑学艺术的首要原则是美丽的建筑是值得欲求的，卫生艺术的首要原则是保健是值得欲求的，医学艺术则是治疗疾病是值得欲求的。当然，单独来看，每一个目的都是大可以接受的。但有冲突时，又会发生什么呢？例如，假设有一笔钱可以花在一家医院上，而上述四种艺术的代表分别要求把这笔钱花在功能性建筑、美观建筑、预防保健和新型医疗设备上。

密尔申辩称，冲突应该用"生活的艺术"来解决，后者又分为三个部门。他对道德思考的习惯层面和哲学层面的区分，同样可以用来理解话语之间的区分，因此，可以通过每个部门话语中的核心概念来看"生活艺术"的各个部门。在"生活艺术"的"道德"或"正当"（the Right）部门，我们的四位代表应根据习俗道德来评估各种建议，用功利主义原则来解决任何出现的冲突。在"审慎""策略"或"利害"（Expediency）中，他们会根据他们是否普遍赞成来判断这些建议，其方式不是严格意义上的道德，也就是说，在密尔看来，与义务无关。例如，治疗疾病，而不是首先预防它的产生，这是**明智的**（sensible）吗？为一位当之无愧世界级的外科医生提供她所需要的设备，从而为她在医院里谋到一个永久的职位，难道不是**可敬的**（admirable）吗？诸如此类。最后，还有"美学"或"美丽或高贵"，或者，如密尔在第五章第十五段中所称的，"价值"（Worthiness）的部分。这涉及关于待建建筑的美学考虑，安装新设备对当地环境外观的影响，等等。①

120

———————

① 这种在各部门之间所作的三分，既可以在之前的《逻辑学体系》中，也可以在之后那篇论边沁的文章中找到（B 10.112—13）。在那篇文章中，这一区分是在行动的不同方面：道德（我们赞成或不赞成的行动：对与错），同情或可爱（我们钦佩或鄙视的行动），以及审美（诉诸我们的想象力，引起爱、怜悯或厌恶的行动）。在那篇论边沁的文章、《逻辑学体系》与《功利主义》中，唯一名称大致相同的部门是道德。但第五章第十四段和第十五段确实提出，利害等同于我们所钦佩或鄙视的东西。密尔在这里所考虑的钦佩至少部分是我们可称之为道德的。同样，在第五章第十四段中被描述为"价值"的审美部分，可能至少在一定程度上与我们可看作是道德的东西有关："那件事做起来是丑陋的。"各部门的情况如下：

《边沁》
道德方面同情方面／美学方面／
对与错　可爱的　美丽
《逻辑学体系》
道德方面／审慎／策略／美学／美／
正当利害高贵／品味
《功利主义》
道德利害价值

117

在这三种论述的每一个领域中，我们都有望发现在道德中已经发现的同样的划分。习俗道德的基础是功利主义原则，即正确的行动在于使幸福最大化。当其他较低级别的原则之间发生冲突，这个原则可以用来做决定。我们应该期待，在"生活的艺术"的其他两个部门中发生冲突时，也会有类似的第一原则来决定。我们已经看到，密尔认为，在"生活的艺术"中，必须只有一个最高的和最终的原则，那就是功利原则，幸福应该最大化的原则。①功利主义道德原则就是把这个原则应用到道德上。因此，审慎和美学的基础似乎就是功利原则在每一话语中的类似应用。

密尔承认"生活的艺术"是"大体上……还遗憾地有待创造"(5.8.949)。但他给出的大纲很好地证明了其本质上可还原为他的功利主义观点，特别是他的**福利主义**。密尔认为，世界上唯一有价值的东西是幸福或快乐(这是《功利主义》第四章的部分要点)，他因此不得不得出结论，"美学"部门的实际争论最终的解决是要根据人类的幸福，而不是根据美等纯粹的审美价值。这种还原论福利主义也导致他对"生活的艺术"部门的区分显得有些模糊和做作。因为，**归根结底**，什么是我们应该要做的，什么是正确要做的，什么是审慎要做的，什么是审美要做的，其基础都是同样的：快乐的最大化。各个部门只是不同话语的指称方式，只能通过所涉及的概念来大致区分。在我们对医院的争论中，如果我们的争论者都遵循密尔的观点，那么他们不久就会被迫以功利主义的方式来继续他们的争论。但出于功利主义的原因，这

---

① 密尔没有用"最大化"这个词。但他确实在上面的引文中说过"所有实践规则都应该遵循的一般原则……是有益于幸福的原则……所有有感觉的存在者"(重点符号是我加的)。他接着说，在某些情况下鼓励德性性向（virtuous dispositions）将产生更多的痛苦而非快乐，这只能在下列条件下得到证明，"它能表明，如果感情培养使得人们在某些情况下不考虑幸福，那么世上的整体幸福会变得更多。"关于幸福的数量强烈表示了他这里的原则是幸福应该最大化原则。当然，他在《功利主义》讨论的不是幸福原则，而是最大幸福原则。

本身是不可取的，我们在单层功利主义的讨论中看到了这一点。对于所有允许不同话语的功利主义者来说，我们什么时候要在一个特定层次的话语中讨论，我们如何知道从一个层次转到另一个层次，这些问题都需要严肃对待。

这就提出了一个更为严肃的问题，即功利主义者所使用的不同话语概念和道德思考层次之间是否融贯一致（特别参见 Williams 1985：第 6 章）。依密尔所言，习俗道德并没有最终的有效性（validity）。只有功利主义原则才能证成我们对习俗道德的参考。现在考虑一下习俗道德中关于特定关系的部分，特别是对密友的忠诚。根据习俗道德，对朋友的忠诚在道德上是正确的，令人钦佩和值得鼓励的，因此我们大多数人对忠诚都有强烈的道德性向。想象这样的情况，你对你最亲密朋友的忠诚正受到考验，正受到诸如公平之类的其他一些习俗道德原则的挑战。依密尔所言，除了不偏不倚的功利主义原则，没有什么能证成你忠诚的性向。问题在于，这并不是它给人的"感觉"。你对朋友的忠诚会让你感到有动机，而这与功利原则全不相干："我认识她很多年了；她对我很好；她是个正派的人；我很喜欢她。"

密尔的问题在于，对功利主义原则的反思似乎削弱了这样的性向。当我充分反思我做这些事情确实并没有最终的理由时，我怎么能**以同样的方式**继续保持忠诚、善良、不偷窃、不撒谎等呢？那么，问题就在于，在密尔那里，起着支配地位的是行动功利主义原则统治下的理论话语，而这会渗透到实践话语中，并造成破坏。

在另一个方向也存在渗透（seepage）问题。密尔充分意识到，习俗道德在人们心中根深蒂固，以至于在大多数情况下，人们几乎不假思考就会按照习俗道德来行动。但密尔提倡在习俗道德发生冲突时诉诸功利主义原则，这似乎假定了，当我们涉足理论话语时，我们可以在某种程度上"超越"我

123

们的习俗道德性向，并从功利主义的观点加以审查，即这些性向不过是功利最大化的工具。但这怎么可能？例如，我如何才能从每天对朋友的深深依系中抽身出来，转换到以下这种观点，没有人比其他人更重要？

我在下一章会更多地谈论这些问题，但现在让我简短提一些可能的密尔式回应。首先，我们要注意到，密尔并不认为习俗道德的规则**仅仅是**经验之谈，就像人们可能在航海或木工中使用那些规则。他并没有倡导激进的变革，也没有申辩称这种变革是可能的。其次，密尔可能会指出，人类实际上非常善于从一个话语转换到另一个话语。我自己那些功利主义朋友似乎并不因为他们在理论上主张不应给予我的利益以特别优先考虑而变成更糟的朋友。最后，密尔可能建议，话语之间会有一些渗透，但这只是一种预期。由于人的弱点，密尔提倡参考习俗道德：我们无法预测未来，我们对过去了解得太少，而且我们无论如何也不够仁慈。因此，任何个人慎思地、有意识地不依赖习俗道德，尝试把幸福最大化，几乎肯定是灾难性的自我挫败。密尔的多层论是在单层论和自我隐忍论之间的一种杂乱的折中。但他可能会论辩说，既然他关于道德思考的理论实际上会产生最大的总体幸福，尽管这个理论有些杂乱，但它得到了功利原则这个实践理性最高原则的证明。

七、分外之行

在第五章第十四段，密尔将职责的领域与我们因钦佩或喜欢某人而做的事区分开来。习俗道德认为人们超出义务要求是值得赞扬的，例如，在道德不要求的英雄行动或善行中。哲学家们称这些行动为"分外之行的"（supererogatory，拉丁语 erogo 的意思是"要求"）。依密尔所言，这种"实践"本身有一个功利主义的证成，因为不要求人们太多，就会鼓励他们去做他们被要求做的事情，从而增进整体的功利（AC 10.337—8；TL 5.650—1）。

在第五章第十五段，密尔在道德中区分了完全义务和不完全义务（perfect and imperfect obligations），前者对应于权利。如果我有职责向你还债，那就是完全的义务，因为你有权利要求我偿还。但我的慷慨是不完全义务，因为没有特定的人有权利要求我慷慨。

作为道德第一原则的功利原则是一种完全义务或职责吗？我怀疑密尔会回答"不"，因为权利的语言无须进入道德讨论的基本层次（5.36，n.）。完全/不完全的区别是在次要原则的层次上起作用的，也就是说，只在习俗道德的层次上起作用。这种谈话方式又一次可以被看作是有功利主义的证成。

密尔用两种方式谈论"职责"。首先，当他对习俗道德进行反思时，也就是，它应该包含什么：如果 x 成为职责会使功利最大化，那么 x 就是一种职责（参见《给布兰德瑞思的信》1867，16.1234）。但当一个人在道德范围内处事时，需要问一个独立的问题：什么才是**真的**基本道德职责？密尔的答案是：使总体幸福最大化。

必须承认，在密尔计划核心之处，存在着某种不稳定性，这源于他不愿意接受包括他自己在内任何道德体系的"直觉"基础。如果道德是他看起来认为的那样——一种社会强制性的实践，在历史上是自然演化而来、很大程度未经反思的，旨在保护人类福利的重要来源——那么，密尔自己那个功利应该最大化的主张可以看作仅仅是另一个强制的尝试，其本身没有道德上的证成。但是，密尔确实相信功利原则是一个有证成的原则。这就是他直觉主义的切入点，道德似乎不仅仅是一种自然的强制性实践。

125

八、惩罚与道德语言的起源

在第五章，密尔探讨了正义。我将在后面一章详细论述他的论点，现在先简要介绍一下。密尔关注的是，由于正义情感的力量，正义可能被视为与功利原则相对立的原则。它可能把功利最大化看作是不正义的，例如我们上面所谈的警长例子中的惩罚无辜者。因此，密尔的目的是探讨这种情感，以便对其进行解释，并看看这种情感本身是否能够与功利原则相一致（5.1—3）。他的第一步是思考那些被描述为不正义的各类行动，如剥夺一个人的自由、财产或法定权利（5.4—10）。

为了寻找将这些正义属性联系在一起的"心理环节"（mental link），密尔转而考察"正义"一词本身的词源（5.12）。他申辩称，正义概念发展的最初因素是对法律的遵从。当违反了**本该**存在的法律时，不正义的情感随之而来。

密尔十分清楚，人们常在法律不适合管制的情况下谈论正义（5.13）。但他申辩称，仍然存在着违法应有的法律这种观念："被我们认为是不正义的行动，应该受到惩罚，这总是给我们带来快乐，让我们感到公平，尽管我们并不总是认为，应该由法庭来惩罚比较有利"（5.13）。密尔建议，在法律执行不到的地方，我们另外采取的做法是对冒犯之举表示不赞成。

密尔申辩称自己解释了正义情感的起源和发展。但随后的一段话受到了
126 最近评论者的广泛关注，密尔谈到他的阐论：

> 它还没有说出正义这种义务与一般的道德义务之间有什么区别。因为事实上，惩罚性制裁观念作为范例的本质，不仅进入了不正义概念，而且进入任何种类的错误的概念。我们说某件事情是错误的，意思就是

说，某个人应当为自己做了这件事而受到这样那样的惩罚；即便没有法律的制裁，也要受到同胞的舆论抨击；即便没有受到舆论的抨击，也要受到他自己良心的谴责。这一点似乎构成了区分道德和简单利害的真正关键之处。

（5.14，第 60 页）

近年来，一些作者用这段话来论证密尔不是功利主义者。回想一下正确行动的行动功利主义标准：一个行动是正确的，当且仅当它使福利最大化。其正确性在于其具有福利最大化的性质。但这里，密尔可能在提议要由此把适当惩罚的概念引入标准中，而这样一来就变成非行动功利主义了。

以下是他们的一些解释：

德赖尔（D. P. Dryer）：一个行动 a 是错误的，当且仅当（1）另一些做法有更值得欲求的后果，（2）违反了一项规则，而普遍遵守规则较之不遵守会有更值得欲求的后果，（3）它是一种受谴责的行动，而普遍谴责较之不普遍谴责会有更值得欲求的后果（Dryer 1969：cv）。

戴维·莱昂斯（David Lyons）：一个行动 a 是错误的，当且仅当一种强制性的社会规则反对做 a 这类行动，而这种社会规则由于其增加了总体福利而得到证成（Lyons 1976：109）。

戴维·科帕（David Copp）：一个行动 a 是错误的，当且仅当（1）行为者另有一个不同于 a 的最大化选择，并且（2）如果行为者做了 a，那人们为此感到某种程度的遗憾，才是利害最大化（Copp 1979：84）。

127

约翰·格雷（John Gray）：一个行动 a 是错误的，当且仅当惩罚它会产生最好的后果（Gray 1983：31）。

所有这些作者假定了我们可以用第五章第十四段作为密尔关于道德标准观点的证据。我已经表明，如何将第二章第二段最好解释为承诺了一种行动功利主义的正确标准。有些作者论辩到，密尔把功利原则看作是善好的原则，而不是正确的原则。那么，使事物善好可以说是功利最大化，这就为非行动功利主义的正确概念打开了道路。然而，第二章第二段明确说的是行动的正确性。因此，这就提供了一个很好的理由，反对以非行动功利主义的方式来解释第五章第十四段：这会使密尔陷入内在矛盾。

那么，我们该处理这些思路？在第五章第十四段及其周边，密尔涉足了哲学家们所谓的"元伦理学"。他考虑的是当人们做出道德判断时发生了什么，他的主要关切并不是提出他自己的任何道德判断。密尔表示，当我们说一个行动是错误的，我们意在暗示这个行动应该受到惩罚，受到法律、舆论或良心的惩罚。在这里，他的短语"意在暗示"最好被理解为"意在"，因为在第五章第十四段中，他明确说他是在分析对与错的"概念"。因此，他并没有把已证成的惩罚概念包括在他自己的对错标准中，而是分析了错误概念本身。依密尔所言，当一个人说行动 a 是"错误的"，他的意思是 a 应该受到法律、舆论或良心的惩罚。

密尔自己之前申辩称，一个行动之所以是错误的，是因为它没有使幸福最大化。这似乎使他做出如下承诺：

1. 一个行动是错误的当且仅当它没有使幸福最大化。

2. 任何错误的行动都应该受到法律、舆论或良心的惩罚。

3. 没有使幸福最大化的行动因此要受到法律、舆论或良心的惩罚。

这向密尔提出了一个严重的问题。他承诺说，没有使福利最大化的行动是错误的，错误的行动应该受到惩罚。但如果某个特定的行动既没有使功利最大化，而惩罚它也不能使功利最大化，那密尔会怎么说呢？在这种情况下，他似乎承诺于推荐的行动是惩罚，而他自己理论又认为惩罚这种行动在此是错误的。

密尔考虑到了法律的惩罚可能无法使幸福最大化（5.13）。为什么舆论的惩罚就应该不一样呢？我们能不能想象这样一种情况，一个人没有把幸福最大化，而对他的行为表示不满只会惹恼他，也许还会刺激他继续这样做？在这里，密尔又不得不承认，那个人不应该受到舆论的惩罚。

但密尔在其错误阐论中认可第三种惩罚：被某人自己的良心惩罚。如果行为者没有使幸福最大化，第三种惩罚也不会使功利最大化，密尔就不必收回他的主张，即这种行为是错误的。因为这与他那行动功利主义版本的功利原则是一致的，在那他主张这种行动应该受到良心的惩罚。功利原则作为一种实践原则，适用于人的行为。它不直接**管治**良心，因为与法律惩罚或责备他人不同，良心不是我们可以控制的东西。因此，一个行为者没有把幸福最大化，而密尔则被迫不再认为这是错误的，这种情况匪夷所思。因为密尔总是可以申辩称，非最大化的行为者应该受到良心谴责的惩罚。

毫无疑问，这一立场有一些特殊的含义。首先，密尔关于最佳可能世界（the best possible world）的观点看起来并没有映射到他认为应该发生的世界上。按照他的福利主义，最佳可能世界是福利最大化的世界，而在某些情况下，他必须说，有些人应该受到良心的惩罚，即使这并不导致福利最大化。其次，与之相关的是，由于行动与世界历史之间存在裂罅，他必须承认，有时候，有些事情应该是这样的，但人们不应该采取行动来实现它。想象一下，你可以提醒某些行为者他们做了什么，让他们受到应受的良心上的谴责，但这不会使福利最大化。因为你自己也无法由此实现福利最大化，所以你不应该提醒他们。事实上，有时候，你甚至应该**阻止**良心上的惩罚，即使那是应该发生的，如果这种阻止能使功利最大化的话。

最后，就这一解释，密尔在实践上的建议有些离奇。密尔认为，一个没有让幸福最大化的行为者应该受到惩罚，如果没有被法律和舆论惩罚，至少应该受到他们自己良心的惩罚。这存在几个困难，前两个是实践上的，第三个则更深刻。

1.我们不能确切地知道我们的任何一个行动是否是最大化的行动，

所以我们不清楚如何决定要在何时感到内疚。

2. 由于建议我们在大多数时候遵循习俗道德，密尔让我们很难为做了真正的错事感到内疚。例如，如果我撒谎，这的确没有让功利最大化，我会为说谎而感到内疚。我的良心可能对我没有最大化这一点无动于衷。

3. 让我们想象这样一个世界，在这个世界里，只要且只有在没有最大化的时候，总会产生内疚。回想一下前面冒进医生的例子。想象一下类似的情况，在这种情况下，有风险的疗法可能会成功，但医生并不冒进，而是使用了风险较小的疗法。依密尔所言，这位医生应该为此感到内疚，而事实上我们大多数人都觉得这是完全不可证成。

我来提一些可能的密尔式回应。首先，考虑到错误与由他人来实际惩罚之间的重要联系，密尔很可能在第五章第十三至十四段中想到的是主观的正确与错误。这是关于未来的可预测性，也涉及 3。在密尔的理想世界中，正如《功利主义》第三章所暗示的那样，人们将在很大程度上变得不偏不倚。他们会对幸福何时达到或达不到最大化心中有数，不再需要太多甚至任何习俗道德，已经超越了它。这个理想世界的概念提供了一些素材，来处理上面的 1 和 2。①

然而，这就提出了一个至关重要的问题：既然如此，那么在我们这个世界上，我们应该如何赞扬和责备他人。我认为密尔的建议是，一个人应该基本像往常一样继续赞扬和责备，这是符合习俗道德的，但同时也要开始用赞扬和责备，来向他人逐渐施加压力，使其更接近理想的行动功利主义世界。当然，这个建议本身是建立在它能带来最大总体幸福这一可能性之上的。

所以，对我的密尔解读可能会有一些异议，我们也可以就此做出一些回

---

① 虽然这确确实实会让密尔面对本章前面所述的单层功利主义的那些问题。

应。尽管如此，最终不可否认的是，密尔对错误的归因分析并没有额外有助于他的立场。他做了勇敢的尝试，试图提供一种对道德之自然起源的阐论，但最终他看起来遇到了一个未决问题，这证明了他的建议是错误的。[①] 依密尔所言，当我说"a 是错误的"时，我的**意思**是"a 是这样一种行动，它的执行应该受到法律、舆论或良心的惩罚"。但这当然是错误的，因为当我说 a 是错误的，我可以把 a 是否应该受到惩罚，留下来作为一个未决问题。

也许密尔会做得更好，允许道德语言有它自己的生命，即使它起源于社会强制，所以，在谈到错误时无须直接暗示任何关于惩罚的东西。通常，当我们谈到错误时，我们实际上是试图直接惩罚某人，寻求法律制裁，或者通过我们不赞成时的全然不快或可能引起的良心上的折磨来惩罚犯罪者。但情况并非总是如此，例如我们把功利主义本身作为一种道德观来讨论之时。如果道德只是社会强制，那么从哲学上讨论它就没有意义了，除非这种讨论本身是以某种晦涩的方式来试图强制他人。然而，如果有独立的对错原则，那么这些原则在概念上必须独立于赞扬、责备和惩罚。因为赞扬、责备和惩罚这些社会实践本身就是道德评估的对象。密尔再次拒绝接受那种他所认为的直觉主义观点，即道德原则的存在可以独立于现实社会实践，这让他走向了对道德语言的分析。如果他认识到自己观点的核心是直觉主义，他就不会试图对道德做还原论的阐论，因为这有可能破坏道德作为理性实践的地位。

这一章篇幅不短且错综复杂，但这只是因为密尔自己的观点，比之前人们所认识到的要复杂精巧得多，最近有些评论者也看到了这一点。我们看到，密尔的功利主义聚焦的是行动，它是一种行动而非规则功利主义版本，他既在实际论也在或然论上谈论正确，他认可道德思考的不同层次，其

131

[①]　未决问题论证的讨论是在第四章。

中之一是习俗道德层次，其本身受到功利主义的证成。要理解他的功利主义阐论，必须要根据他整个实践推理观点，我试图通过观察他在《逻辑学体系》中对"生活艺术"的讨论来理解这一点。最后，我认为他在第五章中对元伦理的讨论可以与他的行动功利主义保持一致，但仍然面临着未决问题论证的难题。我在下一章讨论由于行动功利主义严格的不偏不倚而产生的一些困难。

延伸阅读

有很多著名的文章都讨论了行动和规则功利主义、它们各自的优势以及密尔的立场。这方面的文献必须小心处理，因为术语并不一致，有些作者把这一章的不同区分混在一起。最重要的文献是哈罗德的《修订后的功利主义》（Harrod 1936）；厄姆森的《约翰·斯图亚特·密尔道德哲学释义》（Urmson 1953）；罗尔斯的《两种规则概念》（Rawls 1955）；马博特的《密尔〈功利主义〉释义》（Mabbott 1956）；斯马特的《极端功利主义与有限功利主义》（Smart 1956）；莱昂斯的《功利主义的形式与限度》（Lyons 1965）；辛格的《行动功利主义是自我挫败的吗?》（Singer 1972）；伯格尔的《幸福、正义与自由》第 3 章（Berger 1984）；帕菲特的《理与人》第 1—5 章（Parfit 1984）。最精心设计的多层功利主义来自黑尔的《道德思维》（Hare 1981），特别是第 1—3 章。对规则功利主义的清晰阐论见胡克的《规则功利主义，不融贯，公平》（Hooker 1995）。对"生活艺术"的简短到位的阐论是瑞恩的《约翰·斯图亚特·密尔的生活艺术》（Ryan 1965）。几个对密尔修订性非功利主义的解释，其详尽的讨论见萨姆纳的《善好与正当》（Sumner 1979）和伯格尔的《幸福、正义与自由》（Berger 1984）。除了上述所引文本外，下面的论文也很重要：布朗的《密尔论自由与道德》（Brown 1972）；布朗的

132

《什么是密尔的功利原则?》（Brown 1973）；哈里森的《正确、正好以及密尔〈功利主义〉中的变通》（Harrison 1975）；莱昂斯的《密尔的道德理论》（Lyons 1976）。

133

第六章　完整性

一、完整性与人的分立性

我必须再次重申，功利主义的反对者很少公允地承认，功利主义关于行为正当标准的幸福，不是行为者自己的幸福，而是所有相关者的幸福。功利主义要求行为者在自己的幸福与他人的幸福之间，要像一个无私且仁慈的旁观者那样，做到严格的不偏不倚。

(2.18，第 21 页；参照 5.36，包括注释)

具有讽刺意味的是，密尔对功利主义所做的辩护，反驳了功利主义是利己主义的指责，而那种指责却恰好概括了为什么许多现代作者认为功利主义是错误的。依功利主义，重要的是福利及其最大化：**谁的**福利则是无关紧要的。这就是说，功利主义首要的关注点不是福利的**分配**，而是福利的**加总**。

在这一章和下一章里，我要论证功利主义的一个严重失误在于它忽视了所谓的"人的分立性"(the separateness of persons)。[①] 从你自己的角度出发，

---

① 参见罗尔斯：《正义论》，第 27 页以及其他各处（Rawls 1971）。我相信这个短语是来自芬德利（J.N. Findlay）。罗尔斯是在正义相关的情况下使用这个短语，而我则将其用来涵盖以下这种合情合理，即优先考虑自身利益以及与自身亲近之人的利益。

是给你、给你亲近之人还是给陌生人带来善好，是非常重要的。这就是我试图在这一章发展的想法。但福利如何分配也很重要，这与个体行为者对其自身或对其有私人关系者的任何特殊关切无关。当人们共享善好之物时，个体自身境况的良好程度也有重要的影响。公平或正义要求我们给予那些境况不佳者以某种优先考虑。我会在下一章讨论公平和正义问题。

那么在这一章中，我想要论证的是功利主义没有把握以下这一点的重要性，每个人都有其自身要过的生活，都有自己与他人之间的个人依系。我的讨论将围绕伯纳德·威廉斯对功利主义的著名批评，即所谓的"完整性驳难"来进行。之所以这样讨论，是因为这是对密尔在《功利主义》一书中所捍卫的伦理观点的那个最严重的驳难中的一端。最严重驳难的另一端是关于正义，密尔曾在其著作的最后一章中明确讨论了正义问题，但他也在不少地方说了很多与完整性有关的东西。

将之称为"完整性驳难"可能有所误导。首先，威廉斯想的全然不是正直（uprightness）或诚实这类美德。他用这个词更多的像是我们谈论艺术作品的完整性这个意义上。其次，并不是只有一个完整性驳难。可以说，在"完整性"这个标题下，威廉斯提出了几个有关联的观点。

他在"对功利主义的一个批评"一文中（Williams 1973b），已经提出了，或者至少清楚地预示了这些观点的大部分内容，所以那篇文章也是我的主要关注对象。在本章中，我更多的是试图阐述威廉斯文本中的某些论证思路，而不是直接阐释威廉斯的观点。威廉斯自己说他的主张主要是功利主义，没有考虑完整性，而那种价值见于"个人对其所认为的伦理上必要或有价值之事的坚守"之中（Williams 1995：213）。本章也许可以看成是尝试讲出我自己对于这个价值的理解，然而需要指出的是，首先，我不像威廉斯那样**强调**伦理上重要之事与行为者自身所认为的重要之事之间的对立；其次，我将用理由的语言而非价值的语言来表达我的结论；最后，威廉斯在讨论功利主

136

义时，似乎常常想的是单层功利主义，而我将提出，完整性驳难的一个版本是适用于功利主义的所有形式的。

完整性驳难的第一个"面相"关注的是道德本身。在某些情况下，就你而言以某种方式行事是否在道德上无关紧要？是否存在哲学家们所说的对你能做之事的**约束**（constraints）？我已经针对这一指责捍卫了行动功利主义，讨论了功利主义背后的责任观念，下面我将联系实际道德思考本身的性质来对完整性驳难加以考察。功利主义是否不要求我们采用一种不现实的自我观念，即游离于特定承诺之外、只关心福利最大化的自我观？这里我要论证功利主义由于其不必是单层的，所以它还是能够对此进行回应。但是对动机的思考会引导我们去思考证成，尤其是思考功利主义是否能够证成其严格的不偏不倚。在简短讨论道德情绪后，我的结论是，功利主义不能证成这一点。

二、道德能动性与责任

威廉斯的批评集中在两个例子上，如今那两个例子已经成了哲学故事
¹³⁷（Williams 1973b：97—9）：

乔治是一个合格的化学家，需要供养妻儿，但他很难找到工作。一个年长的同事告诉他可以得到一份薪酬不错的、研究化学和生物战争的实验室工作。乔治拒绝了这份工作，因为他反对这种战争。他的同事指出，这工作反正是会有人做的，如果乔治不做，得到这份工作的其他人也许会更热心地进行研究。

吉姆是一个植物学家，在南美洲旅行时在一个小镇上碰到一次公开行刑。军队的上尉已经将 20 个印第安人绑成一列。上尉向吉姆解释说，最近

当地人一直反对政府，这 20 个人是从中随机挑选出来的。上尉说吉姆有客人的特权，如果吉姆愿意，他可以选出一个印第安人来枪杀；而剩下的 19 个人就自由了。不然的话，就由上尉的手下佩德罗来按照原计划执行死刑。

　　威廉斯表示，功利主义者——行动功利主义者——不仅会说乔治应该做那份工作，吉姆应该射杀那个印第安人，而且会说**显然**就应该这样做。① 这应该会让我们停下来想想，功利主义者在哪里出了错？功利主义者搞错了什么？

　　先得指出以上例子中的两个主要之处。首先，它们不意味着是对功利主义的"反例"。威廉斯确实在乔治这个例子上反对功利主义的结论，但他同意功利主义在吉姆这一点上的结论。说到底，困扰威廉斯的，不是功利主义的结论，而是功利主义是如何得出其结论的："哲学的首要问题不是'你同意功利主义的答案吗？'而是'你真的接受功利主义看待问题的方式吗？'"（Williams 1973b：78）。

　　其次，不要把完整性——不管其意思是什么——看成是一种**动机**。不要把乔治和吉姆的动机理解成是由于关注自己的完整性。不如说，乔治的动机是他痛恨化学战争，吉姆是由于他在道德上厌恶杀戮。这些方式作为动机，至少意味着它们是完整性本身的一部分。

　　功利主义对此的一个直接回应是，这些例子在描述上并不清楚。乔治有多确定其接替者会热衷于研究？乔治是否在心理上有耐力去做他认为可怕的工作？吉姆怎么知道上尉会遵守承诺？另一个相关的回应是，只有非常不成熟的功利主义者才会说乔治和吉姆显然应该那么做。毕竟，人尽皆知，很难预测一个人行动的未来影响。

138

---

① 密尔是行动功利主义者，威廉斯的批评主要针对的是行动功利主义。所以本章——其实整本书通常也是这样——中的"功利主义"可以被看成是指行动功利主义。

　　这些回应并非完全是无的放矢；但在这一阶段，它们大都走偏了。这些例子的总体观点是清楚的，把它们或功利主义搞得更复杂一些只是对威廉斯质疑的缓兵之计罢了。功利主义的确要求功利上不偏不倚的最大化；在乔治和吉姆这样极端的例子上，这种要求如果有错，我们能看出其错误所在，也是件好事。

　　常识道德和许多非功利主义伦理理论的关键之处是这样一个普遍的看法，"我们每一个人对其所做之事都有着特别的责任"（Williams 1973b：99）。以吉姆故事为例，如果吉姆杀了一个印第安人，那就有一桩杀戮。如果他拒绝，那就有 20 桩杀戮。但这里重要的难道只是杀戮数量上的算术计算吗？吉姆可能说，道德要求他不要杀戮，而这并不会只是为了杀戮总量最小化，就要求他行杀戮之事。他可能提出，对于那些产生了良好事态的行动，存在着哲学家所称的"道德约束"。

　　然而，存在着道德约束这一主张又有着一个严重的困难（参见 Scheffler 1982：第四章）。显然，杀戮是错误的，这与后面这一点大有干系，即杀戮所带来的死亡是坏的。但如果一桩死亡是坏的，而这又是限制杀戮的主要依据，那么算术计算应适用于吉姆的例子。人们大可以说，相较于一桩死亡，20 桩死亡是 20 倍的坏，而这种想法与道德约束这一假定强烈抵触。至少，球不在功利主义这半场，而在道德约束的捍卫者那半场。

　　但功利主义那里还存在一个相关的问题。回到这个想法，即我们每个人对所做之事要负特别的责任，而这一次强调的是**做**。依行动功利主义，重要的是世界运作的良好程度。与之无关紧要的是，我的行动是否直接导致了世界向一种特定方式运作（在吉姆的例子里，是他可能射杀一个印第安人），或者世界的变化是由于我的**不行动**或**允许**某些事情的发生（就像吉姆可能允许 20 个印第安人被杀）。威廉斯称之为功利主义的**消极责任**（negative responsibility）学说："如果我一直要为所有事情负责，那么我必须为我允许或没能阻止的事情负责，就像为我自己（在更日常的说法上）所造成的事情负责一样"（Williams 1973b：95）。

这似乎是对这一根本问题更言之成理的辨识。设想吉姆认为杀一个印第安人的情形太可怕了，所以选择不这样做。如果接下来 20 个人被处决了，我们应该说是佩德罗或者上尉，而不是吉姆杀了他们。可是，依功利主义，任何行动的道德价值都取决于世界历史的福利价值，吉姆同样要为此负责。因为他本可以阻止这场杀戮，所以他在佩德罗或上尉造成的杀戮中也起了重要作用。

乔治和吉姆的例子清楚表明了我们日常直觉对责任的看法与功利主义所想的并不相投。在这些例子中，通常认为要负主要责任的是其他人。但即使不涉及其他行为者，责任也不一定总是以功利主义看起来所要求的那种方式落到行为者身上。例如，我们通常不认为发达国家的个人要对某个身处发展中国家、本可以因得到捐助而继续活下去的死者负有道德责任。死亡的原因可以说要归之为营养不良。然而，按照功利主义的消极责任学说，允许某人这样死去就跟杀死他们一样坏。

功利主义能怎样回应这种批评？一个可能的回应是，让我们注意到责备与道德责任之间的关系。当我们认为某人要为某事负责的时候，我们一般是把此人作为赞扬或责备的候选者。我们显然应该认为军队的上尉要为印第安人之死负责，因其有责任，我们才能谴责其所作所为。然而，依行动功利主义，责备是一种人类实践，它自身也要按照功利主义的标准来评估。其证成往往是基于它有助于阻止未来类似的行动。所以我们在谴责上尉这一点上是得到证成的，因为我们可能让他的良心受到足够的压力，让他未来不再犯下类似的暴行。但如果吉姆在极度痛苦之后仍然选择不去射杀印第安人，那么谴责他似乎就没什么意义。所以，即使就事件之发生是其所作所为的结果而言，吉姆有责任（人们可以说，他的行动与 20 个人的死亡存在因果条件，所以他在道德上是有责任的），他也不会因此受到责备。

不过，这种回应很可能不足以应对威廉斯的挑战，因为威廉斯质问的是吉姆实际上在道德上是有责任的，而不是吉姆是否应受到责备。威廉斯提出，我们对自己负不负责的常识不能如此轻易地被置之不理。值得注意的是，常识和道德常识站在威廉斯那一边。① 对于常识或习俗、道德的起源及其在功利主义体系地位，密尔提出了一个阐论。习俗道德，及其特定的行为者要为其所作所为负责的说法，已成为一种社会强制系统，其证成在于增进总体福利。这一系统发展出来对于行动的法律各种限制，所以我们关于道德责任的常识可以说是这些限制的遗迹，其本身的理由没有脱离于福利的增进。于是，密尔有办法化解消极责任问题。在道德约束那里，球最终停在辩护者那半场。与之类似，在消极责任那里，球最终停在那些希望为常识道德辩护的人的半场。那些人不仅得提供辩护，还必须要指出密尔的分析出了什么错，在密尔那里，常识道德和证成的效力都依赖于福利最大化。

三、在自我与动机

威廉斯相信功利主义不能理解完整性的一个原因在于"它根本就是最肤浅地理解了人的欲望和行动"（Williams 1973b：82）。当乔治和吉姆思考他们各自的困境时，功利主义对他们的要求是，他们要忽视他们自己的品格、欲望、目标、计划和承诺，他们要问的不是"我应该做什么？"而是"为了让世界历史尽可能地好，功利主义要求处在类似境况的人做什么？""作为功

---

① 事实上，威廉斯的作品中存在一种张力，一方面诉诸道德常识，另一方面又批评道德常识（例如参见 Williams 1985：第十章）。

利主义的行为者，我只是满足系统的代表而已，恰好在特定的时间靠近特定的因果杠杆"（Williams 1976a：4）。当我觉得做什么时，这里的我是全身心（a full-blooded way）、以我所有的承诺来指代我，而不是以某种抽象的、苍白的、纯粹理性的福利计算器。功利主义的自我太稀薄了。乔治怎么可能放弃反对化学战争转而接受那份工作？除非是某种精神病患者，否则吉姆怎么可能估算情境后马上射杀一名印第安人？

　　行动功利主义在关于动机和自我上出了什么问题？事实上，功利主义并不要求格外特别的自我概念。在乔治和吉姆的例子中，最需要做的是他们把自己抽离出某种单一的承诺，虽然这种承诺重要。所以，功利主义不需要自我观念，可以被理解为独立于所有承诺，在道德慎思中能游离于这些承诺之外。功利主义也不需要被看成是要求行为者这样去做。我们在上一章看到，行动功利主义所要求的决定程序是那种使得福利最大化的程序。如密尔所说，否认这一点就是"误解了道德标准的真正含义，是把行动的规则与行动的动机混为一谈"（2.19）。多层行动功利主义者在此会把警长的例子与乔治和吉姆的例子做类比。正如大可以说总体福利的最大化在于教育执法者，让他们永远不会真去考虑陷害无辜者，即使这会在特定情况下导致短期的福利损失，那么也可以申辩称，让人们仁慈或强烈反对杀戮也是有利无害的。换言之，威廉斯所认为的乔治和吉姆将会并且的确应该进行的那种道德思考，也许正是行动功利主义所推荐的。

142

四、疏离与苛求

　　与这些关涉动机和自我的指责相关的是另一个对功利主义的常见指控，

实际上这一般是对现代伦理理论的指控，即它是疏离的（alienating）。如功利主义可能被指责其疏离了乔治自己反对化学战争的道德承诺。我们已经看到了多层功利主义是如何有可能表示事情未必如此。如今疏离这一指责常与个人关系相连。下面想想这个摘自迈克尔·斯托克（Michael Stocker）一篇重要文章中的例子（Stocker 1976：462）：

143

> 你手术后正在住院，渴望有人陪伴。你的老朋友琼斯来了，带着礼物，温言跟你谈论着这期间发生的新鲜事。他让你精神焕发，当他离开时，你向他表示感谢。他回答说，"哦，不必在意，我来看你是因为这是功利主义对我的要求。"

如果这是琼斯典型的思维模式，那么他不仅是疏离了你，而且疏离了丰富个人关系的所有可能性。这种指责是在说，功利主义是在攻击我们真正珍视之物。但这种指责再一次未能如愿。如密尔所言，道德的标准或行动的规则还是与遵守它的动机混为一谈了。友谊是福利价值的重要来源，琼斯这类人明显与之绝缘。基于此，功利主义最好用多层的形式来表达，这让琼斯去探病的意图和想法与其他人差不多一样。

但这里是不是仍然存在疏离的问题？设想一个多层功利主义者斯密来医院看你。不像琼斯这个单层功利主义者，斯密让她自己对你有了一种真正的喜爱和关心。不过，她仍然相信对你的友谊的唯一价值在于这是全体人类福利的一部分。这与她以下的信念之间难道不存在张力吗，你是特殊的、你们俩的关系让她特别有理由关心你？再想想乔治及其家人，如果乔治接受功利主义原则，这个原则能与他对妻子儿女的爱并行不悖吗？

功利主义在此有所失误，但这个问题最好不要用疏离一词表达。按说斯密要疏离的是她与你的情感依系。但只要想到你们俩相互关系的价值在于全体人类福利，就不应该破坏这种依系。确实，再想些别的就显得古怪了。为什么斯密该相信你俩的关系有着**特殊**的价值？其他类似的关系肯定有着同样的价值。如前文所见，多层功利主义也不要求斯密去尝试疏远她对你的承诺。事实上，这一理论赞成这类承诺，因为它产生了福利。**作为一个行为者**，当斯密去看你时，不需要像威廉斯所说的"想得太多"（1976a：18）。这就是，她根本不必想，"好吧，在一个层次上我得关心我生病的朋友；但真正驱使我的是反思到了这一事实，人们对其朋友表现出特殊的关心会使得福利最大化"。她可以就去探病，完全不用考虑功利主义。

144

然而，在哲学理论的层次上，功利主义对于一个想法却考虑得太少。按照功利主义的理论，斯密去医院看你的唯一原因在于这会使得福利最大化。但这似乎错失了这种可能性，斯密自己的看法是，她有特殊的理由去看你只因为你是**她的**朋友。这其实是"'我的'这一代词……的魔力"（Godwin 1798：第二卷，第二章）。设想斯密发现她处在一个奇怪的境地，如果她并不来看我，她就可以去其他医院看望另外两个朋友，而这会**稍微**加大总体福利价值。但她是否有特殊理由不来看我？

于是，道德约束的概念不同于那种我们可称之为**个人关切之理性**（rationality of personal concern）的概念。在道德约束那里，为辩护者提供的解释是说，最重要的是**我**之行动产生某种而非其他的结果。如果吉姆选择不射杀印第安人，使得所有 20 个人都被杀，他能提供的辩护是说，重中之重的是**他**要去扣动扳机，但与那么多人的死亡相比，这听起来软弱无力。我们可以问，"你会成为杀人犯这一点怎么就如此重要？"但在个人关切那里，至关重要的是价值是体现在行为者的生活中还是体现在不相干的他人生活中，那么这种呼吁，即重要的是一个人要过自己生活的力度就要强得多。在此，"她是我朋友"或"这是我的生活"这类主张能够在行动之非最大化进程（non-maximizing courses of action）的言之成理的证成上发挥有力作用。

我们对他人的情感依系，其实也是对我们自己的，这确实向我们揭示了不偏不倚的功利主义没有把握到的某些理由。我们可称之为"与行为者相关

145 的"（agent-relative）理由，因为这些理由从根本上说是指涉了行为者才形成的（见 Nagel 1986：164—75）。

琼斯有理由去看你，因为你是**她的**朋友。同样，也可以说你有理由特别关心你自己的生活，只因这是**你的**生活。这一点与上一章讨论的道德的苛求问题有关。行动功利主义这种道德观点在苛求上尤为极端，因为它要求你生活的目的是为了产生最好的世界历史。对推进慈善而言，我们大多数人在写作阅读本书之类事情所耗费的财富和光阴，造成了大量的金钱和时间上的损失。这是因为当今世界财富分配极为不平等：五分之一的人口占有世界收入的 1%，而另五分之一的人口则占有世界收入的 90%。你我差不多肯定属于后五分之一，如果我们开始把自己的资源交给前五分之一的人，那些资源会造就多得多的总体善好。

对这种建议的常见回应也不太可能打动功利主义者。责任不能转给政府。你的境况就像是面对印第安人要被杀的吉姆。即使政府当然应该比它们现在更有所作为，你自己也同样能做得更多。不多的英镑或美元就能挽救某人的视力乃至生命，比起你自己花掉这些钱，这肯定会产生更大的功利。你也不能苛责说问题在于人口过多。世上已有足够的财富、食物，可以让所有人生活在绝对贫困线之上。也许有人说，援助资金最好是用于长期计划。果若如此，那就是你的钱财该去的地方。你也不能说，事实上很多援助资金都被用于助长那些不好的政体和其他腐败用途。有些方案能让你的奉献风险很小，而且即使存在这样的风险，比起把时间和金钱花费在你自己身上，这些牺牲将会带来最大化的预期功利。

我相信差不多我们所有人都应该更多地帮助穷人。但除了提升总体福
146 利外，我没有自己的理由去占有物品，这种想法似乎非常不切实际。当然也许会有很少的人真的相信这种想法，并如此生活。如威廉斯所说，"荒唐的是……当功利主义体系中的数字算出来后，对人的要求是他应该就此脱

离他自己的计划和决定，承认功利主义计算所要求的那种决定"（Williams 1973b：116）。

威廉斯反对功利主义的也不只是在苛求这个层次。事实上功利主义规则过分占据了你生活的方方面面。总是有你应该去做的事情，总是有你应该如此行动或生活的方式。道德的范围无所不包。"最终，也许除了以健康的名义分配给一个人的微不足道的毫无意义的隐私领域外，一个人自己的生活也就不复存在了"（Williams 1976b：38）。

重要的是指出上面乔治和吉姆的例子都涉及行为者被功利主义要求以某种方式行动，因为境况形成的关键在于**他人的**计划，而乔治和吉姆的计划不赞成这样，其实我们大多数人的计划都不会赞成：

> 作为功利主义行为者的个人，怎么就能认为满足他人是重要的，而他自己以之构建生活的计划或态度是可有可无的，而这仅仅是因为因果场景是由他人的计划构成的，而功利主义总数又是如此计算的？
>
> （Williams 1973b：116）

这里的关键之处部分在于**自治**的重要性（见 Harris 1974；Davis 1980）。我自己生活的方式完全依赖于我所处的境况而非我的计划、决定和判断，这显然侵犯了自治。但一旦这些境况被看成是包括了他人的计划和决定，操控我自己生活的就不再是我，而是转向了那些我不得不加以考虑的其他人的决定。不过，不应该忘记功利主义的苛求并不取决于其他行为者的行动。如地震或洪水这类自然事件造成的境况，在这一理论中有着同样的要求。

147

功利主义者如何回应这些与功利主义道德之过度苛求相关的指责？在上一章中，我们看到密尔用道德思考不同层次之间的区分来避开这种苛求的指责。让道德不那么苛求，让人们去追求自己个人的关切，大可以使总体福利最大化。但我们也看到密尔显然没有面对这一事实，功利主义之苛求远不止很多人认为合情合理的那些。

根据密尔在《功利主义》一书中的种种主张，他也可以采取另一种回应。密尔相信，对于高贵之人，他所称的"高贵"本身就是一种善好（2.9；2.14）。他表示，把自私作为人类生活的首要原因其实是不令人满意的（2.13）。德性是更高的快乐，是幸福的一部分（3.10；4.5）。乐观的功利主义者也许从柏拉图和亚里士多德这些希腊道德学家那里学到一二，论辩说道德实际上无关乎真正的牺牲。虽然实际情况是功利主义要求我极度改变自己的生活方式，牺牲太多的时间去推动慈善，但这并不是我自己福利的真正牺牲。这种生活才是对我最好的。

这种对苛求问题的回应似乎不是一看就没有道理。自古以来，不少有力的论证都指出，道德生活永远是对行为者来说最好的生活（例如，见 Aristotle c. 330 BC）。但最终它们都不够有说服力。虽然很多人把更多的资源捐献给他人后，确实真能改进他们自己的生活，但肯定会出现一个临界点，此后就有可能是真正的自我牺牲。密尔当然接受这种可能性（2.15），他认为，在当今世上，愿意牺牲自己幸福的人让自己得到了获得幸福的最大机会，但他的论点并不令人信服（2.16）。密尔采取了斯多葛派的思路，说那些准备牺牲自己幸福的人可以免受对财富的焦虑，从而获得宁静，而这又能滋养"满足的种种来源"。但我们可以假定，那些准备牺牲自己幸福的功利主义者会这样做，那么他们就将远离宁静，远离种种个人关切，生活在贫困中，并为促进慈善事业拼命努力工作。也许密尔在第三章结尾处的建议是对的，在一个被功利主义大大改善后的世界中，道德教育能塑造人们，使得他们自己的福利与总体福利不偏不倚最大化的完全重叠。但我们当今的世界不大可能是这样。

在这一点上，就像在责任那里一样，功利主义的选择只能是忍痛承受。吉姆要为印第安人的死负责，所以我们必须面对这一事实，道德就是极度苛求的。我们为什么要认为道德是易于相处的？如果功利主义是正确的，那么

148

道德就是极度苛求的。如果功利主义不是正确的，那么这就无关紧要了。苛求问题本身是个附带问题。

不过，这一执拗的观点无法处理个人关切的合理性。我们在上一章中看到密尔是如何让最大幸福原则（总体福利最大化原则）来支配实践理性——"生活的艺术"的。虽然生活的艺术的一个"部门"是由审慎构成，但审慎无力对抗最大幸福原则的要求。按照那个原则，实践理性是全然不偏不倚的。你、你的伙伴或某个陌生人将获得的利害这一事实本身与你必须行动的理由的内容或强度无关。但实践理性是完全不偏不倚的，这种说法不成立。这无法理解我们所有人的实际生活方式。

五、道德情绪

威廉斯与功利主义在完整性上的许多分歧最终是关乎道德情绪（emotions）。情绪涉及两个层次。第一个是道德行为者的情绪。想想对单层功利主义理想道德行为者的阐论：冷静、理性的福利计算者，不存在能让他脱离不偏不倚最大化的个人依系、感受和关切。查尔斯·狄更斯《艰难时世》一书中的葛擂梗就体现了这种理想，它让很多人觉得讨厌甚至危险。

与之相反，威廉斯向我们提供了他那情绪关涉式行为者的阐论，这种行为者可以让自己与他人有着深厚的依系，在道德境况中，他依赖或者至少要参考情绪。例如，这种人可能认为在他们的道德世界中有些特定的立场是**不可想象的**（Williams 1973b：92—3）。像滥杀无辜这些事情是他们的情绪不让他们考虑的。他们不是立刻从情绪中抽离出来以便尽可能从抽象、无个人立场上观察世界，反而是让他们的情绪直接影响其行动。例如，在吉姆

149

那里：

> 与其以理性、体系化方式来思考功利或人类生命的价值，不如考虑当前处在危险中人的相关性等，人们当下的危险也许就有影响。切近性的重要性不应被低估……我们首先不是任何价值系统的看护者，即使那是我们自己的价值系统：很多时候，我们的行动只是作为所涉境况的一种可能的混合结果。我不相信很多时候这就是件很好的事了。至于功利主义在何种程度认为它是件好事，则是个含糊的问题。

（Williams 1973b：118）

我希望在上一章，其实也包括这一章，已经对这个含糊问题做了些澄清。功利主义，即密尔这样的多层功利主义者，能够接受基于直接情绪反应而行动是件好事，如果这导致最好的后果的话。换言之，争论主要不在理想上的实际道德能动性，因为功利主义者也许发现，较之冷静的计算者，威廉斯那种理想行为者更有感召力。争论点倒是在什么算是"好事"上。

争论只能在道德理论的层次上得到解决，这里的"理论"是弱的意义上150的，指的是任何一种对道德实践的反思。① 威廉斯与功利主义者争执的是道德情绪（或道德情感）是否有着更为根本的地位：

> 对于道德是什么这一问题不可能有任何有趣的、整齐划一的或自成一体的理论，也不可能……有这样的伦理理论，它是一种附加了某种程度经验事实的哲学结构，并由此产生了一种道德推理的决策程序。在回答"它根据什么权利来为道德情感立法"这个问题上，上述伦理理论这种事从没有成功过，而且不可能成功。

（Williams 1981：前言第 x 页）

---

① 威廉斯支持某种层次上的反思，例如见威廉斯：《伦理学与哲学的限度》，第112页（Williams 1985）。

在某种程度上，威廉斯的指责有失公允。首先，它没有区分作为一种伦理理论的功利主义与作为一种决定程序的功利主义。功利主义可以将其主张限定在理论层次，而对什么是最好的决定程序不置可否。其次，即使在理论层次上，行动功利主义者也不必把伦理理论看成是基于根本性的理性直觉、全然独立于道德情感或情绪的产物。功利主义者可以论证说，功利主义最好是既符合基于理性的信念，又符合基于情绪或情感的信念。其实，密尔的证明就能被看成是那种论证。

不过如我们在上一节中所见，仍然可以说功利主义者真的**不够**重视道德情绪及其所揭示的理由。功利主义者能考虑的最多只是那些只有通过情绪关涉才能理解的价值。例如，深厚的个人关系。这对于冷静、完全理性的最大化者来说是非常不相容的。但这种反应揭示了功利主义者立场中的紧张之处。一方面，功利主义者允许情绪在理解福利价值中有所作用；但另一方面，他们又否认这一点，否认在类似乔治和吉姆的情况下，个人感受的情绪动力在行动理由的阐论中有任何分量。有些理由揭示了我们对想象事例和我们所生活环境的情绪反应，而这些理由是与不偏不倚的最大化相悖的。这就是完全性驳难的真确之处。

作为这一点的最后例证，我来描述两个改编自原初吉姆的情况：吉姆2。因为上尉怀疑吉姆2牵涉其中，要求他自杀，这样就可以救印第安人。

总的来说，即使我们决定吉姆2应该自杀，这肯定也不是**明摆着的**(obvious)。吉姆2有理由，即使这个理由不是最重要的，去保存他自己的生命，因为这是他的生命，这个理由之所以显现，在于我们每个人对自己生活有着深深的情绪依系，在于我们对自己生活形态和内容有着情绪上的知情关切。

吉姆3。吉姆3已经在该地生活了一段时间，与其中一个印第安人形成了一种深厚且持久的个人关系。上尉知道这一点，残虐地提出一个选择：或者他射杀他朋友，而其他19个人得到自由，或者其他19个人被杀而放了他

151

145

朋友。

当然,功利主义者也许能够在他们的理论中涵括吉姆3的感受。但如果我们处在吉姆的状况,难道我们不会认为,他有理由不去枪杀他深爱的人,而这理由完全不取决于最大化功利的理由吗?

延伸阅读

　　除了本章所讨论的威廉斯的论著,威廉斯的《对功利主义的批判》《人、品格与道德》《道德运气》《道德运气》的前言、《伦理学与哲学的限度》《回应》(Williams 1973b;1976a;1976b;1981;1985;1995),还可参见下面对他论证的回应:哈里斯的《威廉斯论消极责任与完整性》(Harris 1974);戴维斯的《功利主义与责任》(Davis 1980);康利的《功利主义与完整性》(Conly 1983);巴利的《正义与不偏不倚》的第九章(Barry 1995);霍利斯的《生活的样式》(Hollis 1995)。在哈里斯的《完整性与以行为者为中心的限制》(Harris 1989)中,完整性是与杀戮中的"以行为者为中心的限制"(agent-centred restrictions)等相联系的,这种讨论值得一读。斯托克尔的《现代伦理理论的精神分裂》(Stocker 1976)和雷尔顿的《疏离、后果论与道德的要求》(Railton 1984)那里讨论了疏离与现代伦理理论。对伦理学中不偏不倚和偏私的精彩论述见科廷厄姆的《伦理学与不偏不倚》《不偏不倚与美德》(Cottingham 1983;1996)。在与行为者相关的依系方面,出色的讨论见欧登奎斯特的《忠诚》(Oldenquist 1982)。就基于完整性和人之分立性而对功利主义所作的批评,对这种批评进一步的捍卫见克里斯普的《实践理性的二元论》(Crisp 1996b)。有些学者试图结合不偏不倚的最大化道德与那种行为者相关的理由给予个人的优先性,其中最精妙的尝试是谢弗勒的《拒绝后果论》(Scheffler 1982)。

第七章　正义

一、正义

设想我早先在第五章所说的警长的现代版本：

珍·东米兰德重案组正在调查一系列发生在商业中心区的恐怖主义爆炸案。目前还没有人被捕。负责重案组的警察局长知道如果一周内还没有人被捕，那么重案组的经费就会被大大削减。他有理由认为，如果经费继续保持，那些爆炸分子会被抓，否则，就会逍遥法外，事实也的确如此。由于英国本土恐怖主义活动加剧，在紧急法下他有逮捕的特权。人们广泛认为紧急法是不正义的，但警察局长决定利用这个法律。他翻看档案，一个名字进入视野，珍，相当令人讨厌，曾向媒体曝光，¹⁵⁵给重案组造成了好几次麻烦。局长邀请珍来访问。当珍来的时候，她被逮捕了。局长向她承诺会尊重她的合法权利，但承诺没有得到遵守。珍很快就因涉嫌恐怖主义而遭到指控，由于她是黑人，法官特别愿意判她有罪。重案组继续得到经费，数月后，真正的爆炸分子被抓且被判刑。

珍是无辜的这一点仍然秘而不宣，她在监狱中服刑很久。

简言之，行动功利主义的问题在于，基于爆炸活动之不良后果的种种言之成理的假设，这个理论看起来不仅让这个故事中的警察局长和相关人士毫无罪责，而且要求他们就像其所做的那样行动。紧急立法的不正义之处，对珍合法权利的侵犯，对诺言的违背，为了获取正义而作恶以及法庭对她歧视不公——所有这些似乎都是极为不正义的。任何允许或推荐这些不正义的道德理论想必都会被拒绝吧？

二、密尔的揭穿论证

密尔在《功利主义》最后一章中的论证本打算作为单行本出版。这是那本书最长也最复杂的一章，所以在本节中我更多的是勾勒其结构。

在 5.1—2 中，密尔并不否认甚至尊重我们对于珍这类情况所感到的道德愤怒"情感"。然而，他强调，尽管这种情感强烈，但我们不要由此被迫把我们的正义情感看成是"某种客观实在的启示"。它也许相当自然，但本质上是一种与"理智"反应相对立的"动物"反应，其来源可以在功利主义那里得到前后一致的解释。那就是，它可能只是一种感觉或情绪，而不是对某种与功利主义相冲突的真正原则的反应。值得回顾的是，密尔相信的是实践理性的最终原则，功利原则，而不是什么当下与强烈情感相关的东西（3.1）。其实，依密尔所言，他自己在 20 岁时的紧张崩溃，也是由于功利主义原则付诸实现的前景完全打动不了他（A 1.139）。

在 5.3—10 中，密尔的论证一开始就寻找我们所描述的正义或不正义事情的共同特征。他界定了五个（或六个）不同的正义"领域"，即我们谈及

156

正义和不正义时的人类生活区域：

1. **合法权利**。我们认为其不正义在于剥夺了人们拥有的合法权利。

2. **道德权利**。某些法律，例如珍被捕时的法律，被认为是不正义的。这些法律侵犯了人类道德权利，所以我们可以说第二种不正义在于阻止人拥有他或她的道德权利，如随意逮捕阻止了自由。

3. **应得**。善有善报，恶有恶报。违背这个原则被认为是不正义的。

4. **契约**。背信或让我们自愿达成的期待落空被认为是不正义的。

5. **不偏不倚**。人们公认，判断若受到如种族或性别之类无关因素影响，常常是不正义的。

6. **平等**。密尔说这个概念接近于不偏不倚。例如，某些共产主义者认为物品应该按需分配；平等的需要提出了对物品的平等要求。这明显是与不偏不倚相关联：物品分配时唯一相关的特性是需要，对于这些共产主义者来说，如果考虑时加入其他特性，那就是偏私和不正义。

如果我们考虑到珍的审判违背了法律之前的平等原则，那么珍的例子证明了每一种不正义。

在 5.11—13 中，探讨正义的不同领域之间的联系是什么，密尔求助于词源学。他的论证相当言之成理，指出正义概念的起源在于服从法律这一观念。最初，不正义在于违背源自神圣的实际法。后来，尤其是在希腊人和罗马人那里，正义的情感开始联系到违背那些应该存在的法律。即使到了现在，虽然我们通常应该希望某些不正义的举动，如家人之间微小的不公平，不要被法律惩罚，但"我们认为不正义的行动应该得到惩罚"，被公共道德指责，"这总让我们快乐，让我们感到理应如此"。

在 5.14—15 中，当密尔的论证到达我在第六章开始讨论的观点时，却采取了一个令人迷惑的转向。现在看来，诉诸词源学以及随后关于服从法律的主张并没有把话讲完。密尔论证说，惩罚的观念不仅在于正义的义务，而且是一

157

般的道德义务都有的。那么，又是什么区分了正义与道德的其他领域呢？

密尔在这里引入了**完全**义务与**不完全**义务的区分。他说，一些伦理作家认为不完全义务的特征是这些行动是必需的，但不是任何时候都是必需的。所以，我有慈善的义务，但不是任何特定时刻都要慈善；我何时慈善、对谁慈善都取决于我。密尔认为用权利的观念会更准确地讲清这种区分。如果我有一个完全义务，那么他人有相应的权利。在慈善这里，没有人有权利得到我的帮助。

密尔以这种方式把正义观念与权利观念紧密联系在一起。任何不正义的情况总是涉及"错误的作为，以及某个可确定的被错待的人"，正义"不仅意味着做对的事且不做错的事，还意味着某个人以这是他的道德权利向我们提出要求"。在珍那种情况，我们可以把各种不正义描述如下：紧急法的应用侵犯了她的道德权利；她的合法权利被侵犯了；她就警察局长对她的承诺来说拥有一种权利；因其良好的工作，她有权利得到国家的良好对待；她有权利在法庭上不让她的种族成为不利因素，有权利得到法律的平等对待，得到公平的审判。

在 5.16—25 中，既然我们对正义之情感的起源和性质有所了解，那么我们可以问问它是否可与功利主义相一致。密尔论证说正义的观念有两个"要素"：认为某人受到了伤害，有欲望惩罚造成伤害的人。他申辩称那个惩罚的欲望也有双重起源，一种是保护人的自然冲动，另一种是同情感。像其他动物一样，人类想要伤害那些伤害了他们或其后代的生物。不过，较之动物，人的同情感要更广一些，扩展到了一切有感觉的生物身上，较之动物，人的情感也更为复杂。这些是仅有的区别。

到目前为止，情感这一特性在论证还只是作为一个自然事实。密尔接着申称，道德就是"服从社会同情心，等待并听从社会同情心的召唤"。也就是说，人们愤怒只因为"社会和他们有共同的利益去压制"伤害。以促进功利为基础的习俗道德规则会禁止某种举动。正义的情感就是针对那些违反规则的人。那些规则保护了个人权利："当我们称某种东西是一个人权利的时候，我们的意思是说，他可以正当地要求社会保护他拥有这种东西，无论是借助于法律的力量，还是借助于教育和舆论的力量。"

为什么社会应该如此保护个人呢？密尔能说的是"除了普遍的功利，没有其他原因"。我们不应该认为这个回答有缺陷，没能解释正义情感的力度。这个回答从正义情感的动物起源及其与功利基本来源的联系两方面做了阐论。习俗道德中的正义规则能让我们彼此共存，无须不断担心受到强者的支配。因此它们保障了"我们得以生存的基础"。

在 5.26—31 中，密尔后来转向正义规则保护的是什么这个问题，但在此之前他谈到别的话题，另外提出了一个论点，正义不是一种独立的道德标准。这是基于正义感定夺的模糊性。不仅不同的人对于具体领域内的正义是什么这一点意见不一，而且同一个人也能接受相互冲突的正义原则。 159

以惩罚为例。一些人相信只有对被惩罚者有益，惩罚才是得到证成的，另一些人相信实施惩罚只是为了制止其他潜在的犯罪者，但还有一些人认为我们没有自由意志，所以没有人应该受到惩罚。以上种种观点都"建立在公认为正确的正义规则之上"，即为了其他人而牺牲一个人是不正义的，自我防卫是正义的，以及没有人应该由于其无能为力的事情而受到惩罚。

同样，在以下领域也产生了难以解决的分歧：对具体犯罪行为的恰当惩罚，以及劳动报酬问题和税收问题。我们如何解决这些争议？"唯有社会功利才能判定种种取向。"我们已经看到密尔在为道德的次要原则留有余地。正义原则属于这些次要原则，如同次要原则之间的所有冲突一样，密尔推荐，在正义各原则之间发生冲突时，要参照功利原则来判定。

在 5.32—6 中，密尔回到他原来的论证思路，强调正义规则所保护的福利来源的重要性。密尔这里受到了霍布斯（1588—1679）的影响（参见 Hobbes

1651：第13—17章）。① 密尔论证道，没有正义规则，每个人都将他人视作敌人。因此，施行道德规则是每个人最大的利益。不管受到了侵犯，还是人们追求自己期待的利益遭到了阻止，这些直接的伤害都是最明显的不正义。

通过与恶有恶报的惩罚有所关联，正义情感与应得概念纠缠在一起。而善有善报与背信所造成的伤害有关。如果你做了善事，那么你有权利期待得到善报，如果我没有回报，那我就伤害了你。

密尔提出，我们会发现，大多数更具体的正义原则只是对那些已经讨论过的原则的工具性的满足。例如，人应该受到惩罚，只是由于其自愿的错误行为，这就是对恶有恶报的工具性满足。不偏不倚也是工具性的。此外，不偏不倚原则与平等原则互为彼此的推论。例如，那些值得我们**平等**好好对待的人，应该得到平等的好好对待。这个责任自身源于功利主义，是依照每个人"只能算作一个，没有人可以算作一个以上"②。

在5.37—8中，密尔最后指出，正义的一般原则没有一个是绝对的。对他而言，权利不是超出功利要求的基本"王牌"（见 Dworkin 1984）。虽然正义所保护的功利作为一个**类别**较之其他原因更加重要，但密尔允许在特殊情况下，安全方面的利益可以凌驾其上。人不应该偷窃，但可能在特殊情况下偷窃是可以得到辩护的。③ 在这些例外情况下，我们也不会否认，偷窃是

---

① 值得指出的是，密尔结合了以下三者：霍布斯式的保守主义（此处与《论自由》），托克维尔对停滞的恐惧（《论自由》）以及激进主义（在《功利主义》《论自由》与《妇女的屈从地位》多处可见，最明显的例子是他对婚姻的女性主义理解）。这只能来自这样一个作者，既深受很多习俗道德的影响，又要求彻底根除习俗道德的某些方面。

② 密尔并没有提到，在不同领域之间还存在其他关系。例如，许多道德权利是基于应得或契约。

③ 密尔举的例子是生命有危险的情况，但生命有危险的人可以申辩称有权利得到救助，这是个不幸的选择。密尔需要提出的是基于正义的义务与不基于正义的（non-justice-based）义务之间的冲突。下面的例子可能适用。我承诺今晚把一小笔债务还给你。在去你家的路上，我碰到一个非常可怜的乞丐。对于我身上的钱财，他当然没有权利，但我可能就应该给他钱。

不正当的。

密尔在《功利主义》一书结尾处申辩称，正义其实不是功利主义的绊脚石：

> 正义仍然是代表一些社会功利的恰当名称，社会功利作为一个类别，要比其他事物重要得多，因而也更具绝对性和强制性……所以，这些社会功利应当而且自然而然地受到在程度上和种类上都有所不同的情感的保卫，较之人们仅仅想要增进快乐或方便时所怀有的温和感觉，正义的情感显然具有更加确定的命令性和更加严格的约束力。

那么，概言之，密尔相信他已经通过以下方式化解了正义问题。首先，一旦我们认识到保护重要利益就是正义的自然起源，我们就能理解为什么我们对正义有如此强烈的感觉。其次，既然这些利益如此重要，功利主义自身还是推荐我们继续谈论正义与不正义，即使这种谈论不过是整体福利最大化的工具而已。

三、职责、权利与义务

密尔扩展了正义的范围。依他所言，我对其他人的任何道德职责不仅导致那个人拥有一个相应的权利，而且产生了一个正义的义务。有些哲学家认为密尔的正义观太宽泛了。

首先，有人申辩称，对某人的职责的确产生了相应的权利，但那不是不正义的情况。例如，当然可以说一个强奸犯侵犯了受害者的权利，他的行为肯定是非常错误的。但强奸不是不正义的情况（Dryer 1969：ciii；Quinton 1973：74；Harrison 1975：102）。它可以被理解为彻底的邪恶，而不是违背了物品正确分配原则。

其次，是这样一个提议，没有履行对某人的职责是不正义的，但这没有侵犯权利。如果我赡养你，当然可以说你有某种职责在你的遗嘱里留给我一些东西。你不这样做是不正义的，但我没有任何继承的权利（Miller 1976：57）。

最后，有人说，有些对某人的职责不仅与正义无关，而且也不会产生相应的权利。如果你邀请我参加一个大的非正式聚会，而我也接受了邀请，那么我至少有个薄弱的职责到场。但将此称为正义的职责就太过分了，你可能都不可以说你有权利让我出席。如果我愿意，我完全有权待在家里粉刷我的前门（Harrison 1975：105；Lyons 1978：16）。

不过，所有这些情况都有争议的余地。无论是强奸是否是一种不正义形式，还是应得的报酬是否产生一种权利，抑或是你有无权利（大概可能只是一种薄弱的权利）在基于正义的考虑下要求我出席聚会，习俗道德和日常语言都不够准确，无以决断。换言之，正义不必局限在分配利益和负担的范围内。而且，在广义上适用正义观念这一点也有一些很不错的哲学先例。例如，亚里士多德在某种意义上把正义作为"总体的德性"，他这里的用法很可能反映了公元前 4 世纪雅典的正义观。[1] 密尔使用这个词旨在反对以下所有对功利主义的指责，功利主义的制裁侵犯了权利，或者功利主义无法理解某些重要的但明显非功利主义的道德义务。[2]

密尔对权利持有一种还原论观点，其基础是对可确定个人的伤害，这种观点又如何呢？阿兰·瑞安（Alan Ryan）相信不难想到反例（Ryan 1993：12），如果我在乞讨，你不给我食物，我就会受苦。我是可确定的个人，我受苦是直接的，但我对食物没有权利。

---

① 亚里士多德：《尼各马可伦理学》，1129b25—6（Aristotle c 330 BC）。

② 密尔似乎并不总是记得他在《功利主义》中对正义观念广义上的使用。例如，第五章第三十七段的论述暗示了救助生命不是一种正义的一般准则，这在上面注释 3 中讨论过。

密尔在此可能申辩称，你实际上没有直接被我伤害。① 这个申辩称符合 163
常识，因为我们通常不说那些不施舍乞丐钱财的人伤害了乞丐。如果你是**唯
一**能帮我的人，而我又确实在挨饿，会怎么样？那么更言之成理的说法是，
基于正义，乞丐的确有道德权利去得到帮助。

在阐论"恶有恶报"是应得的这个观点时，密尔的分析看起来最不可
靠。② 我们能轻易地用权利观念去理解善的应得：如果你在对我做的事中应
得某些利益，那么你有权利要求那些利益，我有职责提供那些利益。对于被
定罪的罪犯，我们说惩罚是他们应得的。依密尔所言，应得必须涉及一个权
利的观念。但很难理解被定罪的罪犯有"权利"得到惩罚这种主张，除非我
们去把权利想成是可以被遗弃的！如果法官让某个被判犯下重罪的人得到自
由，那侵犯了谁的权利？罪行受害者的吗？但像内部交易这类重罪，是"无
受害者"的。在善的应得那里，人有权利去要求利益。谁能要求罪犯得到惩
罚？唯一的答案可能是全社会。因此，社会有权利要求罪犯得到应得惩罚，
法官有职责尊重这个权利，罪犯有职责接受他们的惩罚。③

这里存在着把所有道德融进正义的危险（5.15）。社会不仅有权利要求特
定罪行的特定个人受到惩罚，而且自身也可以通过道德上的非难去惩罚那些
没有做到如慈善之类公认的不完全义务的人。如果你对慈善一毛不拔，那么 164
我能够有理由指责你吝啬。然而，如果社会的职责可以被理解为在恶的应得
上的完全义务，为什么在慈善上不行呢？为什么在社会慈善上我没有完全义务？

---

① 第八章将分析密尔的伤害观。

② 见莱昂斯：《密尔的正义理论》，第 18 页（Lyons 1978）。莱昂斯提出，密尔可以使用丧失
（forfeiting）权利的观念。所以我有自由的权利除非我做了错事，那我必须受到惩罚。但
这个阐论看起来更多是关注于应得的必要条件，而非应得本身。

③ 在《论自由》第四章第三段中，密尔申辩称，"社会有理由去强制实行"那些每个人为了
换得社会保护而亏欠他人的条件。说到集体权利也让我们说到集体职责，如照顾赤贫者的
职责。

　　只要我们还清楚在治理或接受惩罚的义务与慈善的义务之间存在重要差别，密尔也许可以让我们这样说。在前者那里，很少有或没有自由裁量权。作为法官，你必须在此时此地惩罚这个人，除非存在严重的怜悯或豁免的情况。而作为罪犯，我必须接受这个特定的惩罚，不寻求宽限期（比如说）去做完我的模型船。然而，到了慈善这里，我在何时对谁做慈善上有自由裁量权。这种自由裁量权足以区分非完全义务与完全义务。

　　可能会有人这样说，按照密尔对不完全义务的阐论，我们永远不能说一个人不做慈善是行动错误或者违背了道德义务。因为在任何特定情况下，没有人享有慈善的权利。但密尔不想完全排除以下情况，即一个人虽然没有做不正义的行动，但他违背了道德义务，所以做了错误的行动（Lyons 1982：47）。

　　不过，密尔能够论辩说，完全可以这样申辩称，一个从不做慈善的吝啬之人，其行动是错误的，在此过程中违背了不完全义务。人可以通过好几种方式来满足这个义务——这使得它成为不完全义务。但申辩称一个人行动错误并不意味着我们必须能够界定错误行动发生的具体时间。毋宁说，可以这样理解，它指的是行动过程总体上是不道德的。通过这种方式，我们可以看到密尔是如何一方面论辩说不完全义务不会产生权利，另一方面又说能够用道德制裁来"索求"（exacted）不完全义务（见 Berger 1984：214—22）。

　　习俗道德不严谨、不成体系，所以哲学家能做的只能是为它提出一种特殊的解释或构想，以期得到其他人的赞同。从完全义务与不完全义务的角度，密尔在《功利主义》中的构想，在我看来是精巧融贯的。但一旦将《功利主义》中的阐论与密尔的其他重要论著相比，特别是在《论自由》那里，就会发现一些问题。在下一章中我会论辩说，有很好的理由去寻找两本书的一致性。那么，我们要怎么对待密尔的这个主张，"自私不肯保护（他人）免受伤害"在道德上是错误的（L 4.6；参照 L 1.11；参见 Lyons 1982：52）？在 5.15 中，密尔把仁慈刻画为不完全义务，虽然大概是因为其要求在特定

165

环境下保护特定的人，所以在那里它看起来是完全义务。

密尔也许会这样论辩，仁慈的某些职责其实是（在他的广义上的）正义的职责。如果我被要求保护你免受某种伤害，那么你有权利让我那样做。这并不会让密尔放弃下面的看法，仍然存在仁慈的不完全义务，要求我在某些场合，但不是在特定的场合，做慈善的行动。

这个分析也让我们能够理解密尔的这一主张，社会中的每个人都应该"承担公共防卫中公平的任务"（L 1.11）。就像我们每个人都有权利让罪犯受到应有惩罚一样，我们每个人都有权利让每个有能力的人为防卫代价做出贡献。①

在有些段落中，密尔的用法的确看起来不严谨，但即使是在那里，他的立场也仍然足够清楚。在《论自由》第四章第七段中，他区分了鲁莽的行动与"冒犯他人权利"的行动。密尔这里想的显然是受不受到道德谴责或惩罚行动的区别。当密尔在第五章第十五段中提出异议，也就是反对把"一切道德都并入正义之中"，那时他不正是这样做的吗？严格来讲，是的。但既然密尔后来在《论自由》第四章第七段清楚表明他思考的是一般的道德规则，我们可以把他理解为指的是任何不道德的行动都是对他人权利的冒犯。②但

166

---

① 密尔在《论自由》第四章第三段中提到这一职责时，他可能暗示了不存在相应的权利，权利只限于消极意义上的免受伤害。我建议我们可以把这一段看成是在区分消极权利与积极权利，虽然大家都知道这种区分是不清楚的。我享有不被攻击的消极权利，享有你要为防卫代价做出贡献的积极权利。这解释了密尔为什么要区分出第三类行动，"伤害了他人……却没有达到违背他们任何既定权利的程度"。这在于这些行动——或毋宁说这些行动的过程——违背了不完全义务。在《论自由》第一章第十一段中，密尔谈到诸如承担防卫任务的行动是"积极的"，暗示了他准备谈论"消极行动"，以及后面的消极的和积极的职责、权利。

② 密尔似乎的确在《论自由》的不同地方对权利和道德有不同的构想。在《论自由》的第四章第七段，尊重权利看起来就等于是道德的，这可能包括了履行非完全职责（见 L 3.9）。《论自由》的第四章第三段涉及消极职责（以及相应的权利）、积极职责（以及相应的权利）与那些不侵犯权利的职责（也许可以被理解为非完全职责）之间的区分。

这里我们可能愿意接受下面的观点，即使并没有侵犯他人的特定权利，我也是不道德的，我确实侵犯了全社会的某些权利（见第八章）。

四、报复、公平与应得

所以密尔建立在完全与不完全义务区分基础上的正义观念是能够成立的。但更严重的问题在于他的总体论证是否成功。回忆一下，密尔的目的是拆穿所有下列主张，正义提供了不依赖于功利的道德标准。他试图以自然主义的方式解释我们的正义情感，使之与功利主义相一致。我在讨论证明的那一章论辩过，不能说自然主义更倾向功利主义而非其他理论。在承诺或不承诺"客观（道德）实在"（5.2）这一点上，密尔与任何非功利主义者并无二致。所以其论证的力量必须基于简约原则（a principle of parsimony）。密尔关于我们正义感起源的阐论是否有足够的说服力，以至于不需要提出任何独立的正义原则以作为可能的回应？

对于一个反对特定立场的论证，寻求其薄弱之处最好方式是去问这个论证所攻击的那些人对这个论证能够接受多少。非功利主义正义观的倡导者能够接受多少密尔的论证呢？答案也许让人惊讶，能接受"大部分"。

当然不需要否认密尔在第五章第十四段中的元伦理阐论。人们对道德现象的理解相当贫乏。不过，道德本质上是法律式的，密尔的这个提法作为一个假说还是蛮可以说得通的。密尔的反对者也没有理由拒绝有关习俗道德的阐论。也许，他们会无法接受把正义扩展到涵盖所有完全义务。但从根本上讲，这是一个语义问题，如果只是出于论证的目的，反对者可以同意密尔的阐论，或者对语义做出改变，而密尔也不太可能强烈反对这类改变。

反对者甚至能够接受密尔关于正义情感**起源**的阐论，即起源于惩罚做坏事者的欲望，这一欲望之出现是由于自我防卫的冲动经由同情得到了扩展。因为这并不要求他们去赞同那就事实上等于所有正义的情感。如果相信这要求他们赞同，那就犯了发生学上的谬误（a genetic fallacy），而密尔在第五章第十二段中就试图让自己远离这种错误。①

正是在这里，在关于正义情感本身性质的问题上，密尔的反对者应该坚持立场。我们看到，密尔试图在正义情感与动物自卫或保卫后代的报复性欲望之间建立连续性（5.20）。动物的报复与正义的情感之间仅有的区别，首先是人类对于全体有感觉动物受到的攻击都有所反应，其次是人类的反应更复杂，"幅度更广"。

因为对道德的理解如此贫乏，我准备在这里极为认真地对待密尔的观点。他关于我们正义情感起源的观点在表述上显然太粗糙了，但其很多运用也许可以通过类似密尔所描述的方式得到解释或"自然化"。同样，他的这一论点，即正义次要原则在应用上会推荐行动功利主义，也非常有力。人们的确可以说权利是在保护人类福利的重要源泉和因素，这本身就可以被看成是尊重权利的充分依据了。例如，设想一下免受攻击的消极权利，以及按约定得到工作报酬的权利。如果这些权利一般都得不到尊重和支持，那么没有人敢于离开自己的家，更不用说去工作了。

但我倾向于认为，在非常抽象的情况下，在不容易对相关者激发同情的情况下，我们对正义和平等的信念表明，功利主义原则再一次地在认识人之分立性上有所欠缺，就像对完整性的认识一样。② 设想你只能产生下列结果

168

---

① 当人们把某物现在的状态等同于它起源的状态，那就犯了发生学上的谬误。

② 我这里不是在说，在不寻常的抽象情况下，公平是唯一相关的。例如，设想一下，一个老师必须要决定是选择一个更难的课本（班上大多数同学会学得更多）还是一个简单的课本（后进者而非大多数会受益）。功利主义会推荐选择更难的课本，但公平原则会主张选择简单的课本。

中的一个：

	平等		不平等	
组1	组2	组1	组2
50	50	90	20

假设每一组包含相同数量的人（比如一千人）。这些数字用来大致表示福利。那么在平等区间的人有着同等良好的生活，而在不平等区间的人有些活得比平等区间的人好得多，有些则差得多。功利主义者认为不平等区间更加可取，但这似乎忽视了平等区间中福利在人们之间平等分配这一事实。看起来公平要求我们优先考虑那些本会更糟的人，并主张选择平等区间。我很难相信我对此的反应被轻描淡写成一种自然主义的、扩展了的同情，全然没有理性或合情合理的根基。

公平原则也无须被看成是生活艺术中道德领域内唯一的次要原则，道德领域起管治作用的是单一、最终的合情合理的功利主义原则。功利主义原则是说得通的。但是，没有理由认为必须存在一个统摄实践理性的单一的最终原则，尽管密尔在第一章第三段以及《逻辑体系》一书结尾处坚持这样认为。这就是为什么密尔关于冲突的论证（5.26—31）也失败了的原因。功利主义原则是所有冲突中理性裁断的唯一方式，这个主张并不比其他非功利主义原则的说法显得更有道理。

有人也许会问，如果存在多个原则，那么当它们冲突时我们要如何做决定？答案只能是我们必须用自己的判断。但这不是让伦理学失之任意或心血来潮。判断可以是合情合理或不合情合理的。无论如何，这种情况也不是功利主义这类单一原则理论能够避免的。除了判断之外，功利主义者能用什么别的东西来决定接受哪一个道德理论，并如何在此理论下生活和相应的行动吗？

我们在第五章看到，密尔看起来相信功利主义原则除了诉诸其主张"同等数量的幸福都值得同等的欲求"(5.36，注释2)外，几乎无须论证，其本身已经有足够的吸引力。但在这一段重要的文字中，密尔展现了他没有意识到功利或福利在不同人之间分配的重要性。换言之，密尔没有足够重视人之分立性，而那不仅关乎个人关注的理性（如我们在上一章所见），也关系到对境况更差者给予优先考虑的公平性。

不过，密尔第五章的企划是建立在试图理解道德现象的基础上，这就优于许多现代正义理论的尝试，那些现代正义理论把各种信念（其起源尚不清楚）颠来倒去，只求最能吸引理论家和听众。在习俗道德的起源和发展这些方面，亟须更多的研究，如果以后表明密尔是正确的，那也并非不可想象。也许对我们非功利主义道德诸信念之起源的正确理解会破坏这些信念所基于的各原则，以至于我们保留它们只是出于密尔本人所允许的那些原因，即它们"较之其他的生活指导规则，……更关心人类福祉的基本要素"(5.32)。　　170

第五章关注的是密尔功利主义的性质，后两章考虑的是由于功利主义未能认识到人之分立性的重要性所引发的两个相关问题。首先，功利主义未能解释我们每个人为什么在对我们的生活和行动做决定时必须优先考虑自己和亲近者。在这个意义上，功利主义面临着完整性问题。其次，也是由于其忽视分立性，功利主义不能证成境况更差者的优先性。自我利益与公平都对功利主义形成了挑战，这些正是那些希望捍卫功利主义的人应该关注的地方。我在上面暗示过，我相信功利主义与其反对者之间的争论仍悬而未决。

有一个重要问题要问所有的功利主义者，他们理论的实践含义是什么。我已经展现了密尔多层功利主义的微妙和力量，现在我将讨论密尔相信这个理论在两个重要领域所具有的含义：个人自由与两性之间的关系。

延伸阅读：　⋯⋯⋯⋯⋯⋯⋯⋯⋯⋯⋯⋯⋯⋯⋯⋯⋯⋯⋯⋯⋯⋯⋯⋯⋯⋯⋯⋯

对密尔正义观一个全面且有见地的讨论是在伯格尔的《幸福、正义与自由》第 4 章（Berger 1984）。任何人想要理解密尔在正义方面的观点都得阅读戴维·莱昂斯的论文：莱昂斯的《密尔的理论》《人权与总体福利》《密尔的正义理论》《密尔论仁慈与正义》（Lyons 1976；1978；1982）。颇有帮助的是，这些论文都收录在《权利、福利与密尔的道德理论》（Lyons 1994）。其他有用的讨论包括瑞恩的《约翰·斯图亚特·密尔的政治》第 12 章（Ryan 1970）；哈里森的《正确、正好以及密尔〈功利主义〉中的变通》（Harrison 1975）。对正义的优秀概论是米勒的《社会正义》（Miller 1976）；布朗的《现代政治哲学》（Brown 1986）；胡克的《政治哲学》（Hooker 1993）。

171

第八章　功利主义与自由:《论自由》

一、功利主义与自由主义

《功利主义》是一本关于个人道德和社会道德的著作；也就是说，它所包含的戒条（precepts）与我们每个人应该如何生活的问题有关，与社会的法律和道德制度应该如何安排的问题有关。当然，这本书的最终建议是，我们自己的生活和社会建制都应该实现总体福利的最大化。

《功利主义》出版于1861年，《论自由》出版于1859年，两者几乎是同时写作的。《论自由》更直接地涉及社会道德，其主题是"社会所能合法施加于个人的权力的性质和限度"（L 1.1，第1页）。

密尔认为这个问题非常重要，既然他在功利主义中至少给出了一个隐含的答案，我们现在必须尝试理解这两部作品之间的关系。

从表面上看，《论自由》与《功利主义》极其不一致。在《论自由》的开头部分，密尔告诉我们，这部作品的目标是宣称"一个非常简单的原则"，以绝对管治社会对个人施加的法律和道德限制。这一著名的原则，常被称为自由原则，就是："人之所以可以有权个别或集体地对其成员的行动自由进行干涉，唯一的目的只是自我保护。"（L 1.9，第 10 页）

换言之，就像密尔随后所说，社会可以对个人施加权力，只是为了防止对他人的伤害，而绝不是为了个人自身的善好。

现在，想想各个国家的法律都要求乘车旅行的人必须系安全带。从表面上看，这项立法是家长式的（paternalistic）。就是说，不是让个人去决定是否系安全带，而是通过法律强制手段来改变个人的行为，其目的是为了个人自己的善好。当然，这项立法也可以有非家长主义的论证，例如，不系安全带的乘客对路上的其他人更危险，家长无权拿自己或子女的生命冒险，治疗事故受害者所需要的社会成本证明了这种限制的合理性等。但是，可以肯定，赞成这种立法的一种论证，也许是最有影响力的论证是家长式的。

自由原则的定论（verdict）是，这样的法律，如果它们建立在家长式的基础上，是无法证成的。然而，当人们考虑到它们可能产生的巨大总体福利收益时，效用原则似乎不仅允许，而且推荐，甚至需要这些法律。基于这一点，许多人认为密尔在《功利主义》和《论自由》中的观点是不可调和的。据说密尔在功利主义和自由主义之间摇摆，最近的一些解释者更倾向于把他看作"真正"是自由主义者，他功利主义的痕迹不过是忠于他的父亲、边沁和他自己早期的信念而已（如参见 Berlin 1959；Ten 1980）。

不过，这种观点在智识上既苛刻又难以置信。我说过，这两部作品不仅174 大致是同时代的，而且密尔在《论自由》开头部分向读者保证功利原则并没有被遗忘：

> 应当说明的是，在这篇论文中，对于任何与功利无关的抽象权利观念，即便其引申出来的有利于我的观点，我都一概弃而未用。因为我在所有伦理问题最终诉诸的是功利。

（L 1.11，第 12 页）

因此，自由原则不能把任何一种自由主义作为密尔思想的基础，如果这种自由主义与密尔的行动功利主义不一致的话。在功利主义中，正如我们在第五章中看到的，密尔建议在功利主义的基础上采用各种"次要原则"，如那些禁止谋杀或偷窃的原则，这些原则本身并不参照福利的最大化。《论自由》最好被看作是一种尝试，主张将自由原则作为管理社会在法律和道德上对待个人的次要原则。根据自由原则，社会绝不应该为了保护个人不受他们自己的伤害而家长式地干涉个人。

因此，我们应该期待为自由原则找到功利主义的论证。我将表明，确实有这样的论证。但密尔主张自由原则在"习俗道德"中占有一席之地，因此，他使用的论证与功利主义没有直接联系也就不足为奇了，但他清楚地认为，他使用的概念之所以在我们的道德思考中占有一席之地乃是由于其具有功利。例如，对于"严厉的审查制度之得到证成，是因为真理应该经受得住迫害的严酷考验"这一论点，他的一种回应是，以殉道的方式奖赏那些发现了某些重要真理的人是十分可悲的（*L* 2.16）。但是，正如密尔在《功利主义》中所指出的，正义最重要的次要原则之一关涉的是应得：

> 也许，这是一般人设想的最清楚最明显的正义观念了……大家会觉得，一个人做了正确的事情，便应得善好，做了错误的事情，便应得恶害；而在更特定的意义上，一个人对别人做了善事，便应从别人那里得到善好，对别人做了恶事，便应从别人那里得到恶害。

（5.7，第 54—55 页）

密尔在《论自由》第二章第十六段中所使用的应得概念就是在这种更特定的意义上，它是由功利原则本身所支撑的。

到目前为止，我已经把自由原则说成是一种限制，它限制了干预他人行为的可能的各种证成：家长式的证成被排除在外。但是，自由原则还有另一面，它关涉的不是家长式的证成，而是个人主权（individual sovereignty）。

175

我们将看到，密尔认为，无论是**基于何种根据**，一个人的生活的某些部分不应该受到干预，也就是说，不管其证成是否是家长式的。

二、对心灵的奴役

《论自由》是一部实践性很强的作品，在这一点上它远远超过了《功利主义》。《功利主义》代表了密尔为参与他那个时代的政治辩论所做的幕后准备，这些政治辩论是关乎他所认为的"将来的重大问题"（L 1.1）。

《论自由》首先叙述了国民与政府之间关系的转变，以及与之相关的暴政性质的变化。在过去，自由在于以政治权利和宪法审查的形式来保护国民不受政府的侵犯。随着民主政治制度的发展，密尔申辩称，许多人，尤其是在欧洲大陆（密尔可能想的是法国哲学家让－雅克·卢梭［1712—1778］）的人，开始认为没有任何良好的理由对政府进行任何限制，因为过去那种统治者和被统治者之间的划分已经消失了。

但人们很快发现，民主也有其少数派，因此，"人民"的权力实际上是由一小部分人行使的。大多数人认为，"多数者暴政"（tyranny of the majority）通过司法机构实施立法，尤为危险。但是，

> 社会能够并且确实在执行自己的命令：如果它发布了错误而非正确的命令，或者对它根本不应干涉的事情发号施令，那么它便实行了一种比种种政治压迫更为可怕的社会暴政，因为它虽然不以严厉处罚为后盾，却更深地渗入生活的方方面面，奴役了人的心灵自身，让人更加无法逃脱。

（L 1.5，第 5 页）

176

毫无疑问，无论是在细节上，还是在主题和总体心态上，《论自由》都在很大程度上受益于托克维尔的论著，其第一部主要著作《美国的民主》受到了密尔的热情评论（Tocqueville 1848；TD 18.47—90，153—204）。[①] 托克维尔是第一个将多数者暴政及其出现描述为一种特殊的民主现象的人：

> 国王的权威是实体上的，它控制人们的行动，但无法征服他们的意志。但是多数者同时拥有实体和道德的力量，这种力量既作用于行动，也作用于意志，不仅压制一切竞争，而且压制一切争议。

（Tocqueville 1848：263，第 292—293 页）[②]

托克维尔敏锐地意识到社会化的重要性，以及他所称的"习俗"对个人自治、思想自由和行动自由的界限。习俗维持了政治体系，因此任何试图影响那些体系的尝试都必须要改变习俗：

> 在我们这一代，那些指导我们事务的人所肩负的首要责任是教育民主，如有可能，重新唤起民主的宗教信仰；净化民主的道德；塑造民主的行动；用治国的知识来取代其缺乏经验，用对其真正利益的认识来取代其盲目的本能，使其政府能因时因地适宜，并因人因物而调整。一个新的世界需要一门新的政治科学。

（Tocqueville 1848：7，第 8 页）

密尔《论自由》一书的中心任务，确实是通过澄清集体舆论对个人的限度，来"净化他自己社会的道德"。他指出，在任何社会中，管理社会行为的规则在其成员看起来都不言而喻是正确的，它建立在每个人这样的感觉之

[①] 当然，密尔与托尔维尔之间存在重要的差别。首先，较之密尔，托克维尔受到了如卢梭之类公民共和主义作家的更多影响。其次，与之相关的是，托克维尔的道德和政治理论是一种相当非系统的多元主义，在根本上有着非功利主义成分。

[②] 中译本参见托克维尔：《论美国的民主》，董果良译，商务印书馆 1997 年版。——译者注

上，即所有人都应该按照人们所希望的那样行动。这些没有根据的意见无非是个人偏好而已。如果习俗道德只不过是功利主义"潜移默化"的结果（1.4），这也不会有什么问题。然而，不幸的是，还有其他的来源：偏见、迷信、反社会的恶品，如妒忌或傲慢，以及最常见的自我利益。密尔为习俗道德的起源提供了一个基于阶级的阐论。任何社会的道德大部分是出自其统治阶级，这得益于下层阶级的奴性倾向。

密尔的《论自由》的背景是，在"英格兰"，"跟大多数其他欧洲国家相比，尽管舆论上的束缚也许更大……"（L，1.8，第9页）。[①] 他的目的是提供一个原则以区分社会施加于个人的合法与不合法的法律和道德权力。他看到世上有一种不断增长的倾向，想要对个人施加法律和舆论的力量，并且"除非树立道德信念上的有力屏障，来抵御这一危害，否则在目前的世界情势下，我们能做的只是看着它继续增长下去"（L 1.15，第16页）。

那么，自由原则就是密尔试图建立一道屏障，以抵御多数者暴政。毫无疑问，密尔的书在创造和维持英国关于社会对待个人的自由氛围，特别是政治和道德冲突方面发挥了重要作用。同性恋在英国免于入罪就是一个例子。1959年，同性恋犯罪委员会的《沃尔芬登报告》（Wolfenden Report）建议，成人之间私下的同性恋行为不应再受到刑事制裁。正如赫伯特·哈特（Herbert Hart）在回应德福林勋爵（Lord Devlin）对报告的攻击时指出的那样，报告中采用的刑法观点显然是密尔式的。根据该报告，法律的职责是保护个人免受他人的伤害，而非自身伤害：

> 在我们看来，刑法的作用是维护公共秩序和正派，保护公民免受冒犯和伤害，并提供足够的防范措施以防他人的剥削或腐化，尤其是对那

---

① 密尔在谈到"英格兰"时常常指的是"英国"。

些因为年轻而身心脆弱或缺乏经验、特别易受伤害的人。

（沃尔芬登报告 1959；引自 Hart 1963：14）

此外，哈特自己那著名的回应也明显是基于密尔的观点（Hart 1963：5）。①

三、伤害他人

在其最初的"简单"表述中，自由原则表明，文明社会之所以可以对任何个人行使权力，只是为了防止伤害他人。这随之产生了各种各样的问题，密尔在《论自由》的后面部分回答了其中一些问题。

其一是对个人行动的干涉之所以是正当的，在于个人的行动**实际上**对他人造成了伤害，或者这一干涉之被允许在于它避免了**潜在的**伤害。密尔清楚表明了这一点，所以他用后一个更广泛的形式来解释自由原则："无论何时，只要对个人或公众造成了确定的损害，或有确定的损害危险，事情就超出了自由的范围，而进入了道德或法律的范围"（*L* 4.10，第 97 页；参照 *L* 5.3，5，6）。

另一个重要问题把我们带到伤害概念本身，关涉到那贯穿全书的自由原则各种隐含或明确表述之间的关系。密尔广泛使用了伤害之外的其他各种概念。甚至在《论自由》第一章第九段中，他也谈到干预之正当在于社会的自我保护，并将那种受到合法干预的行为称为"蓄意给他人造成恶害"和"与

179

---

① 不过，我自己在后面对密尔的解释确实有别于哈特。哈特认为密尔是在主张道德并不总是可强制实施的；我则认为密尔是在论辩，道德依其定义就是可强制实施的，但前提是道德基于功利原则。

他人有关"。在其他地方，还使用了许多其他的概念。①

首先值得指出的是，密尔并不是说，对他人造成伤害，或破坏他们的利益，就足以证成干涉。相反，它仅仅是证成的**必要**条件：

> 绝不可假定，由于单凭破坏或有可能破坏他人利益这一点就能证成社会干涉，因此它就总是证成了这种干涉。在许多情况中，个人在追求一个合法目标时，不可避免地因而也就合法地要导致了他人的痛苦或损失。

180
（L 5.3，第 112—113 页）

密尔还举了竞争考试中获胜者的例子。他们的表现导致了那些失败者出局，但是社会"感到有要求予以干涉，只有在成功者使用了不为普遍利益所容的方法如欺诈、背信和强力等方法的时候"（L 5.3，第 113 页）。

所以，**当干预符合公众利益时**，伤害他人就证成了干预。回想一下，在《功利主义》中，密尔已经解释了，如果根基稳固，习俗道德规则将如何促进公众利益。于是，这些规则已经为我们提供了指导，告诉我们什么时候有权干预。密尔希望在《论自由》中强调的是，基于功利主义的习俗道德不会允许社会干涉人们如何自我生活，除非他们严重侵犯他人利益。因此，社会有权干涉的有害行为是那些违反习俗道德规则的行为。这种对密尔的理解的

---

① 《论自由》中使用的概念包括以下这些行动：涉及他人安全（L 1.10）或他人利益；有害他人；由于没有提供益处这一不作为导致的恶害（L 1.11）；直接或首先影响他人（L 1.12）；因偏见影响他人利益（L 4.3）；影响他人利益（L 4.3）或除非他人愿意否则不必影响他人（L 4.3）；损害他人利益（L 4.3）；对他人有害或损害的（L 4.6；L 5.15）或冒犯其权利（L 4.7）；对他人有害或不充分考虑他人的福利、利益和感受（L 4.3；L 4.10）；对他人构成滋扰（L 3.1）；在与他人有关的事情上骚扰他人（L 3.1）；并非纯粹涉己（L 4.4）；以及恶果会落到他人身上（L 4.7）。例如，密尔还谈到人生活中主要关心社会的部分（L 4.2）和一个人的生活中与他人有关的部分（L 4.8）；侵犯那些保护个人同伴的必要规则（L 4.7）；违反对他人的明显的、可指定的义务（L 4.10）；及不道德之事（L 4.6）。

依据来自他所引用的那些违背义务和其他道德观念的行为，特别是在《论自由》的第四章中。只有当我违反了真正的道德次要原则时，我才会对他人的福利构成威胁，才可以被强迫。违反道德义务的行为可以受到法律的惩罚，而对他人造成可辨损害的行为只能通过舆论来惩罚（L 4.3）。（密尔在此的区分是，前者行动的错误在于它侵犯了权利，而后者行动的错误并不在于它侵犯了权利，而在于它侵犯了"不完全"道德责任。）如果我是对他人造成伤害的潜在原因，可以通过法律或社会舆论干涉我的行为。但只有当我违反道德规则，且道德规则本身是由功利原则证成之时，这种情况才成立。

但是，为什么不该假定由习俗道德来管治那些不严重影响他人的个人生活方面呢？也就是说，为什么我们不应该干涉那些涉己的领域（self-regarding sphere）？因为人们在生活的这个领域中所承担的并不是"为了人类的善好"（L 4.6）。自由不是"作为一种独立于功利之物"的权利（L 1.12）。密尔的自由主义之锋芒在于，他认为在习俗道德层次上，对个人自身而言，不存在通常的道德义务。所以，如果我过着在你看来是放荡不羁的生活，如果你试图用法律或道德制裁来干涉我，那是不允许的，**除非我违反了一些关于他人的真正道德义务**。我对自己没有责任，因此你干涉我也不能有道德上的证成。

你可以用来证成对我进行干涉的相关道德义务并不纯粹是消极的（L 1.11；见第七章）。社会可以强迫执行某些行动，如在法庭上提供证据、参与防卫或其他共同活动、挽救他人的生命或保护他人不受虐待，那么，这里的证成，如果要用伤害概念的话，则必须是不执行这些行动会严重伤害他人，所以功利原则证成了这些强制执行。人们可能会认为密尔把因果和伤害这些概念扩展得太广了。但密尔并非如此；他相信这些习俗义务牢固地建立在功利原则上，因此不履行这些义务很可能导致伤害他人。至于指责密尔允许社会强制采取行动，会导致自由的范围消失殆尽，这种说法也不恰当。在密尔看来，功利主义及其所支持的习俗道德并不过分苛求。所以社会不能以

181

功利主义为理由来强迫你不断为乐施会募捐。也许他在这一点上是错的，但那将是另一种反对意见。

四、冒犯与奴役

那么，密尔的立场如下：个人和社会的行为应该符合实践理性的最终原则，即功利原则。社会有两种现成的重要工具可以用来影响人们的行为：法律的制裁，以及违反习俗道德规则之后受到的谴责。密尔声称，这种干涉之得到证成，只是为了防止伤害他人。这排除了干涉他人生活的所有家长式的证成。习俗道德规则本身应以防止伤害他人为目的，违反这种规则本身就构成了伤害，其程度足以证成干涉。由于习俗道德在适当成熟之后，将会考虑到所有可能的伤害和收益，那么，如果一个人不违反任何一种得到了功利主义证成的习俗道德规则，则任何干预都得不到证成。最后，这些习俗道德规则将给予每个人更大的自由，让他们自己决定如何生活，这比密尔同时代人所认为的要大得多。不仅排除了家长式的证成，而且排除了以任何理由去干涉涉己领域。

密尔的观点让我们把所有行动都归为四种类型：

1. 习俗道德排除的行动；如欺诈。对他人有伤害，可以由法律或舆论来干涉。

2. 习俗道德不排除的，但会造成伤害的行动；例如成功通过考试。对他人有伤害，所以是干涉的候选项。① 但是不干涉会最好地提升普遍幸福。

---

① 这里主要是说对那些没有通过考试的人造成了某种伤害。——译者注

3. 习俗道德不排除的，但确实对他人有影响的行动，也许会引起他们的"不快"（*L* 3.9），但没有伤害；如醉酒没有伤害任何人。属于涉己领域，因此不是干涉的候选项。

4. 习俗道德不排除的、不影响他人的行动；如在私人浴室洗澡。属于涉己领域，因此不是干涉的候选项。

于是，涉己领域并不仅仅局限于那些无人在意的行动。密尔的自由主义也涉及 3 中的行动，它们可能会导致严重冒犯他人，尽管如此，但我们可以说，这只是那些行事者的"事"。我喝醉了，如果我对其他人没有义务，那就是我自己的事，如果你说你不喜欢这样，我可以回应说，你的不快不足以构成一种伤害。所以我的行动仍在涉己领域内。我们在自己的品味上有权利，如同我们在事物上有产权：如同你没有资格（通过偷）"干涉"我对我钱包的所有权，你也没有资格（通过限制你所厌恶的我那种品味之举）干涉我的品味（*L* 4.12）。厌恶并不是损害。

在这一点上，我们必须要问密尔是否真的需要区分下面两种行动，第 2 类那些造成了伤害但习俗道德不排除的行动，以及第 3 类那些导致了不满却并非伤害的行动。某些行动，尤其是那些关于性或宗教的行动，让一些人感到强烈的冒犯，即使这些行动是在私人领域行使的。说它不能算作是损害或伤害，这怎么说得通？密尔认为，要允许"个性"（individuality）的表达，因为个性自身对言论表达者以及他人有价值，对此他有很强的功利主义论证，我们会在下一节讨论。这些论证足以为保护某个领域提供充分的支撑，而无须在对他人的有害影响与据说是无害的影响之间做出区分。

在密尔对具体行动的分类中存在灰色地带。有时，对他人的冒犯不仅足以被视为伤害，而且可以被习俗道德所排除，因此被法律或舆论所制止。例如，"有伤风化"（offences against decency）（密尔没有说他想的是什么，但这可能包括在公共场所性行为等行动）。我们现在可以看到密尔是在走钢丝。

一方面，他看到了让社会把其对生活方式的偏好强加给个人所带来的危险。另一方面，他认为社会不喜欢的某些生活方式或行动——例如有伤风化——确确实实是错误的，应该被禁止。如果追问下去，密尔可能会承认，他相信英国人的正派感（sense of decency）是以某种方式建立在功利原则上的。

由于密尔就此给那些反对者留下了这样的选择，可以以任何做法来申辩称他们的正派感是正确的，那么我们必须问密尔是否能做得更好，是否能用功利主义赞成个性化的那些论证来把第 3 类消解到第 2 类中，并排除掉**任何**由正派感产生的干涉。例如，如果某些人真的就想在公园里做爱，如果我们克制住自己，不去批评他们及其同类人，从长远来看，可能会使功利最大化。但这可能是对密尔此书的断章取义。他的读者不会容忍这种原始的放纵之举，而密尔原本希望此书所产生的所有益处也会落空。对《论自由》一书同情式理解的要义在于对其实践性的敏感。它既是一种政治理论，也是政治的一部分。不过，密尔可能只是没有提到有伤风化，而不是将其明确地归入第 1 类。

有伤风化并不是看起来可能损害自由原则的唯一情况。第 4 类和第 3 类也产生了问题。坚持自由原则是由功利主义所证成的，这使得自由原则永久地受制于福利各来源的种种偶然情况。说白了，如果社会干预让总体福利最大化，那么这种干预就是合法的，即使它可能看起来是对涉己领域的侵占。一个特别明显的例子是密尔拒绝批准奴隶契约（他心里几乎肯定想的是婚姻契约；见第九章）。① 我们之所以不干涉个人的生活，而非保护他人，是因为"总的来说，他利益的最佳获取之法是允许他以自己的方式追求它"（L 5.11）。奴隶放弃了他的自由，这样也就取消了允许他在这种情况下如他所愿的那种证成。在这种情况下，社会干预并**没有**错，密尔甚至设想了一个

---

① 对密尔奴隶观点的辩护，见史密斯：《未来自由与契约自由》（Smith 1996）。

184

"理想的公众"，它可以只干预那些明显错误之人的生活（*L* 4.12）。他的自由原则承认，他那个时代的公众远非理想，虽非在所有情况下，但在很多情况下，应该禁止其干涉。

密尔再次在某种特殊情况下为倡导家长制的人留有余地，他论辩说这是自由原则的例外，就像奴隶的情况。这个问题还是取决于密尔原理的经验结果。也许有人会这样说，如果他倡导并让社会接受一种纯粹的自由原则，允许有能力、知情和未被强迫的成年人出于性、经济或其他原因如其所愿地将自己出卖为奴，可能会产生更多的福利。密尔也许是在迎合他的许多读者对奴隶制的厌恶，但由于他根据这些喜好对自己的论点进行了剪裁，从长远来看，这也许导致他作品在言辞上不那么有力。

五、愚蠢与品味堕落

密尔旨在树立一道屏障以反对多数人对少数人的舆论暴政。所以我们可以预料他反对任何一种对涉己行为的批评，只要它是针对相关个体行为者的改进，而非诸如奴隶之类的例外情况。事实上，在《论自由》第一章第七段中，密尔批评了一些人，他们探究社会应该好恶什么，而不是质问"社会的好恶是否应该成为对个人的法律"①。然而，奇怪的是，密尔不仅允许而且鼓

---

① 在《论自由》第一章第九段中，密尔说我们不应该为了某个人自己的善好而去"造访恶"。在第二章第十九段中，他暗示，对发表被禁止观点的人进行社会污名，其影响是一种恶。这表示，对一个有涉己过错的人进行社会污名，其影响同样是一种恶，不管这种污名是为了惩罚那个人（这会不合法）还是为了帮助这个人（密尔在《论自由》第四章第七段中允许这样做）。

励我们对某些人做出消极的反应，即使这些人自身的善好正在攸关之际：

> 一个人会表现出某种程度的愚蠢和某种程度的所谓品味的低下和堕落（虽然这措辞并非无可争议），这虽不能证成他人对他的加害，但必然也该使他成为一个被人厌恶的对象，或者在极端的情况下甚至被人鄙视。
>
> （L 4.5，第 92 页）

有人可能认为，密尔相信这些感觉是自然的、可欲的，但应该秘而不宣。但他接着说："的确，一个人若能诚实向别人指出他所认为的缺点，而不致被认为无礼或自以为是……那就太好了。"此外，我们有权利避开这些人，告诫其他人不要与之为伍，在"好职位人选"（optional good offices）上选其他人而非他们。

密尔如何才能不至于沦为赞成舆论暴政呢？因为尽管他声称这种反应和它们的表达是"错误本身的自然的、可以说是自发的结果"，他毫无疑问地认可它们。请注意，对于涉己的错误，诸如追求更低的快乐之类，密尔并没有明确允许进行**道德**批评。事实上，他声称，这些"惩罚"，尽管很严重，但不应该"为了惩罚"而施加。从我们对第五章第十四段和第六章的讨论中，我们了解到，密尔将道德与惩罚联系在一起：我因某件事责备你，类似于你因同一行动而遭到肉体惩罚。因此，我们表达意见时不应该使用道德强制。我们不应该谈论"对自己的责任"，也不应该申辩称追求更低的快乐是错误的，如果它不伤害他人的话。

但仍然存在两个困难。首先，密尔没有为我们提供明确的标准来区分道德语言与非道德语言。如果你告诉我，你鄙视我的生活方式，尽管可能不是以一种"无礼或自以为是"的方式，你不是在表达一种道德态度吗？其次，即使可以提供一个标准，也不清楚为什么舆论暴政就不能用纯粹非道德的，也许是审美的语言来造就自身呢？

事实上，密尔并不反对这样做。我们可以看到他在《论自由》问题上进退两难，一方面他坚持自己对福利的观点，另一方面他意识到允许他人利用舆论暴政来强化他们错误的福利观所带来的危险。动物式的快乐，"轻率鲁莽、固执己见、刚愎自用"，这些生活就是错误的。按照密尔的最终原则，这些生活确实错了，它们没有实现福利最大化。但是，密尔非常担心道德会被误用为一种社会工具，因此他提倡，根本不要用道德来批评纯粹涉己的过错。

然而，他接受了对某些生活方式的非道德的、涉己的批评，这是另一个冒险之处。他允许与他有着不同福利观念的人，申辩称他们对密尔所推荐的生活方式的反应是"自然和自发的"。在《论自由》中，一方面密尔考虑到社会以非道德的方式谴责他视为明显错误（其实是道德错误）的生活方式，是有益的；另一方面这又存在危险，即允许造就一个不基于效用原则的舆论暴政。密尔是在利弊之间下赌注。鉴于自然的生活方式与诸如同性恋之类不自然的生活方式之间持续激烈的争论，以及对社会边缘群体进行所谓的仁慈压迫的危险不断存在，可以论证说密尔的下注没有成功。一个纯粹的自由原则严禁对他人的生活方式的涉己方面进行任何评论或公开回应，也许这样可以产生更多的福利。

也许有人会说，真正重要的是，人们可以自由地过自己的个人生活，尤其是不受法律限制，这确实是大多数当代自由主义者所相信的。这似乎是对的；那才是**真正**重要的。但我的观点是，审美强制容易导致道德强制，道德强制也容易导致法律强制。

尽管我在这一节和前一节有所微词，但我必须强调密尔的功利主义辩护的力量，这基于个性的价值和社会干涉的危险，基于涉己领域受到权利保护、不受他人干涉。密尔申辩称，广泛承认这样一个领域会产生极大的好处，因为"这是最广义的功利，其依据来自人作为进步的存在的永久利益"

187

188

（*L* 1.11），在此密尔当然是对的。密尔觉得，他那个时代的许多习俗道德，如果正确地理解和解释的话，是可以接受的，很大程度上是因为它源于功利原则的"潜在影响"。但是他不看好对个人自由那些**新的**干涉的价值（*L* 4.12；参照 *L* 3.6）。《论自由》呼吁维多利亚时代的公众根据功利原则和自由原则重新考虑现行的法律和习俗道德，从而让个性得以发扬：

> 因此，必须要强加某些行为规则，这首先依靠法律，而对于许多不宜由法律来起作用的事情，则依靠舆论。而那些规则应该是什么，乃是人类事务中的首要问题。

（*L* 1.6 第 5—6 页）

六、表达自由

《论自由》的第二章——"论思想和讨论的自由"被广泛认为是对表达自由之自由权最好的经典辩护。但它存在着某种不连续，一边是第二章，另一边是在第一章中自由原则的概要以及在第三章中对其在个性问题的应用。我们可以认为思想的自由是直接属于自由原则的保护之下的，因为个人的思想，单独地考虑的话，如果有什么东西，也必然属于涉己的范围。但是，正如密尔所认识到的，有自己的观点与表达自己的观点是非常不一样的：

> 说到发表和刊发意见的自由，因为它属于个人涉及他人那部分行为，可能看起来是归在另一原则之下；但是由于它和思想自由本身几乎同样重要，所依据的理由又大多相同，所以在实践上是和思想自由分不开的。

（*L* 1.12 第 14 页）

在这里,密尔承认,公开发表意见确实属于涉及他人的行动范畴,这意味着不能直接援引自由原则来为其辩护。然而,正如我们所看到的,自由原则本身并不是根本或最终的,之所以坚持这一原则只是因为功利原则证成了这一点。因此,我们可以预计会发现密尔所提出的言论自由的各种理由首先是功利主义的,类似于允许思想自由本身的各种理由。而我们在第二章发现的确如此。①

在第二章的论证中,自由原则缺失的一个原因,也许是密尔区别了意见与行动:

> 没有人妄言行动应当像意见一样自由。相反,即使是意见,当其所处的情况足以使意见的发表成为某种有害行动的积极煽动时,也要失去其豁免权的。譬如说粮商使得穷人遭受饥饿,或者说私有财产是一种掠夺,这样的意见如果仅仅是通过报纸在流传,那是不应遭到妨害的,但如果是对着一大群麇聚在粮商门前的愤激的暴民以口头方式宣讲……那就可加以惩罚而不失为正当。

> (*L* 3.1 第 65 页)

这里的含义是,自由原则虽然涉及行动,但在为意见表达做辩护时实际上援引的是一种改进后的形式,它所辩护的是那种在表达时不伤害他人的意见。当然,如果密尔接受了这个显而易见的事实——表达意见就是行动——那么就可以用它原来的形式。当你意见的表达可能会对他人造成不当的伤害,即违反了基于功利主义的习俗道德的某些部分,那么压制你就可以是合法的。在此我们必须记住,审查员经常会申辩称他们所审查的意见是不道德的。密尔的这一章可以看作是一种尝试,表明许多被审查员禁止表达的意见

190

---

① 密尔第二章论证的结构看起来颇为受益于约翰·弥尔顿(John Milton)1644 年的《论出版自由》(*Areopagitica*)一书(参见霍沃思 [Haworth] 即将出版的著作)。

实际上并不会被净化后的习俗道德所禁止。

七、真理的价值

我们已经看到，密尔不把受到冒犯的感觉算作是那种足以证成干预的伤害，除非那些感觉是对有伤风化或其他尴尬行动的反应。因此，我们可以预计会发现，举例来说，不能以种族主义言论惹恼他人为理由，让种族主义者闭嘴。但在这一点上，我们应该记住密尔把伤害概念道德化了。冒犯本身不能证成压制，除非它符合习俗道德中被功利原则所证成的那一部分，就像基本的做人道理（common decency）。现在有一个严肃的问题，就是我们如何知道"习俗道德"允许什么，不允许什么。不过，让我们假设，现行的习俗道德并不禁止种族主义言论。考虑到种族主义带来的可怕后果，这肯定是密尔认为习俗道德出错的地方之一吧？这会为我们提供一个让种族主义者沉默的论据，就像我们禁止人们在街上裸体行走或私通一样。

然而，密尔极其重视真理的价值，以至于他会不同意上面的论点。在第二章的开头，我们发现了下面的脚注："如果本章的论点有任何有效性，作为伦理信念的任何学说，不管它被认为是多么不道德的，都应该存在最充分的自由去信奉和讨论。"（L 2.1，注释 1，第 18 页。）

密尔把言论和讨论自由置于如此重要地步的论证是什么？对于任何特定的意见表达，他的辩护都是双重的（L 2.1）。首先，意见可能是真确的，在这种情况下，压制就剥夺了那些持不同意见的人了解真相的机会。其次，意见可能是谬误的，但这样就失去了"从真理与错误冲突中产生出来的对于真理的更加清楚的认识和更加生动的印象"。

密尔辩护的第一道防线是他那著名的"永无谬误论证"（infallibility argument）(*L* 2.3—4)。他申辩称，任何压制意见的做法都假定了永无谬误，而 191 这种假定是不成立的。因为，首先，许多认定自己永无谬误的人，如那些迫害苏格拉底、基督和基督教殉道士的人，其实是错的，而"在永无谬误这一点上，时代并不比个人更甚"(*L* 2.4)。密尔是在谴责他的同伴们对习俗信念的不加思考的坚持。其次，你可以理性地申辩称自己的意见为真，只要你允许它接受他人信念的检验。我们在行为和意见上现在已经达到了理性的水平，而之所以如此，只是由于我们把过去错误的做法和意见付之论辩。

意见的审查员可能争辩说，他并不是在假定永无谬误，而是在保护对社会有功利价值的信念（*L* 2.10）。密尔有两个论证反对这一立场。一个论证是说，审查员是在另一点上假定自己永无谬误，即在这种信念是否有用这一问题上。第二个可能更有力的论证是，"任何违背真理的信念都不可能是真正有用的"。密尔将持这种观点的人描述为"最优秀的人"，我们可以认为，他把自己也包括在其中。

这一典型的 19 世纪知识分子的乐观主义与密尔自己的主张格格不入，我将在下面讨论，密尔自己的主张是，传播虚假是有价值的。毕竟，审查员可能会说，他们只是在遵循密尔的建议，并确保有足够的谎言继续流传，让真相保持活力。但更重要的是，我们可以在这里看到密尔过分强调了真理。不考虑社会情境的话，他关于真理价值的主张听起来言之成理。但现实社会主要依赖于神话和谎言，民族或地方神话的消除或崩溃往往会在个人和社会中造成空虚或沮丧。例如，想想失去信仰对宗教信徒的影响。并不是所有的宗教信念都是真的，因为它们是矛盾的，然而，对这些信念失去信仰可能是相当具有破坏性的。

但如果一个社会普遍持有的意见实际上是真确的呢？那么，压制与其不一致的错误观点的表达有什么错呢？这里在于密尔反对审查制度的第二条论 192

证。这条论证依赖的是知晓真理与相信教条之间的区别。如果我被认为是知晓真理的，我必须对我所相信的东西有一些了解，并且至少能够面对一些异议为它辩护（L 2.22）。也有一些例外，如数学，是没有异议的。但是，如果没有对道德、政治、宗教等领域中的核心议题的自由讨论，人们所相信的那种"意义"就会消退。信念，也就是将不再是"生动的""鲜活的"（L 2.26）。它将是一种"教条……，仅仅在形式上告白，对善好无用"（L 2.43）。

衡量一个人是否以这种方式持有一种实践信念，一种检测方式是将其与他的行动相对照。以大多数基督徒为例，密尔论辩道，信念是死的，不能在想象中、感觉中或理解中实现（L 2.28）。因此，他们的行动与他们的信念并不一致。他们不是把所有的东西都给穷人，而是只给了跟别人一样多的东西（也就是说，不多）。在这方面，与早期那些为信念而死的人相比，许多现代基督徒就差远了。密尔甚至走到了这一步，他论辩道，在某些学说上有共识的地方，如地球绕着太阳转，而不是**相反**，"人类的教化者"（teachers of mankind）应该做些安排，让其所受到的质疑呈现在那些相信者面前（L 2.32）。

到目前为止，我们已经考虑了所接受的意见或为真或为假的情况。密尔认识到，在许多情况下，双方都会有真有假。在这里，他认为，如果让所有意见都自由发挥，真理更有可能出现。例如，在政治上，双方的意见分别来自民主一方与贵族一方，来自支持财产权的一方与支持平等的一方，来自支持合作的一方与支持竞争的一方（L 2.36）。政治的"习俗道德"与其他地方的道德有相同的来源；也就是说，是这样一组混合体，其稳固基础是功利原则，辅之以自身利益、阶级利益和其他种种扭变。密尔的论点是，如果没有表达自由，各种政治立场的有利方面就不会出现："只要人们还被迫兼听双方，情况就总有希望"（L 2.39，第 61 页）。

在《论自由》第二章差不多结论部分，密尔申辩称："我们已经认识到

193

意见自由和发表意见自由对于人类精神福祉的必要性了(人类一切其他福祉是有赖于精神福祉的)"(*L* 2.40,第 61 页)。

最终,密尔对思想自由和表达自由的论证是建立在功利原则之上的。在上面提到的百分之百意义上,知晓真理是福利的一个重要组成部分(当然,我们必须从密尔自己的享乐主义的角度来理解福利)。允许表达自由将让即使是"普通人"也能达到他们所能达到的"精神境界"(*L* 2.20)。论证的重点也不只是真理。一个人的智力受到培养,具备判断能力,对他来说是好事(*L* 2.23)。此外,表达自由将有更多的实践上的好处。在诸如宗教改革这样的历史时期,当智识权威受到质疑时,"人心方面或制度方面"就会得到许多进步(*L* 2.20)。我们也可能期望或希望,密尔所谴责的那种基督教中的虚弱无力会从习俗道德观念中消失,这样,较之当下,个人会更加积极地追求道德,并能够接受比目前更大的道德负担。

密尔的观点有多有力?它当然言过其实了。考虑一下他历史上的主张:他曾严厉批评维多利亚时代知识界的遵从,可事实上,生活中许多方面的好处都来自那一时代。但他的论证一般来说足以压倒那些反对表达自由的人。对理智的理解和运用是福利的合理组成部分,而这在一个压制性的社会中肯定更难获得。何况,允许表达自由可能带来许多间接的实践上的益处和智识上的益处。

然而,密尔还是过度信仰了人类理性。他低估了人类相信明显谬论并由此采取行动的能力。想想第二次世界大战前约瑟夫·戈培尔在德国进行的宣传活动。无论自由主义的含义是什么,功利主义原则都要制止戈培尔的运动,使其无声无息。有些人相信犹太人和其他少数群体在道德上与其他人平等,如果认为他们会在纳粹的压制禁言下,把他们的信念当作死的教条,这完全没有道理。同样,也许密尔在说"人作为进步的存在的永久利益"(*L* 1.11)时所想的,长期结果和短期结果之间那种的区别,也无助于密尔。鼓

194

励结束种族主义，而不是让它有出头之日，将更好地有利于人类的长期利益。那个特定的言论列表最好是封闭的（L 2.8）。

也许我们可以把纳粹的宣传类比为在粮商门前的人的言语。但这也引出了我们在讨论自由原则时所发现的相同问题：什么构成了足以证成干涉的伤害？我们在实践中最终常常会回到功利原则的正确应用上。

八、个性

我们已经看到，密尔在《论自由》中的核心论证无数次将我们不可逆转地带回到功利主义的功利原则。就表达自由而言，密尔表示，培养我们的理智能力，并利用这些能力来百分之百理解真理，是福利的一个基本组成部分。此外，这种自由将导致社会进步，因此具有工具价值。

如密尔所见，当他在《论自由》第三章回到与意见相对照的行动问题时，我们发现对个性的论证也是它有助于社会进步，提升所有人的福利，这些论证旨在说服那些不怎么相信个性是福利本身的一个组成部分的人（见 Friedman 1966）。我们也看到，他对自由的论证建立在他复杂的福利概念上，而个性是一个独立的成分：

> 总之，在并非主要涉及他人的事情上，个性应当伸张。这是可取的。行为的规则若不以人自己的品格，却以他人的传统或习俗为根据，在那里就缺少人类幸福的主要因素之一。

（L 3.1，第 66 页）

什么是个性？这句引文表明，至少有一部分是为了自己而生活，而不仅仅是基于社会习俗。我们可以称之为**自治**，虽然在密尔那里没有找到这个词

195

（见第三章）。密尔显然认为，自治不仅仅是人的能力，拥有它增加了一个人的福利，而且这种能力的运用在于自我管治（self-government）（nomos 在希腊语中指的是"管治"，而前缀 auto 意指"自我"）。

好的统治是理性的，密尔并不反对我们在他第二章那个关于理智发展价值的主张以及他第三章关于自治的观点之间做类比。自治，虽然它涉及自发性（L 3.2），但并非仅仅如此。要使自治成为个性和福利的成分，它必须在发展个人潜能的过程中有所运用。正如福利的一个成分是对信念——理想情况下，真确的信念——的反思，因此，自治的运用在于实践理智的培养和使用：

> 人类的能力，如感知、判断、辨别感、智力活动、甚至道德偏好等，只有在做出选择中才会得到运用……而一个人做一件事若是只因他人做了那件事，那正和相信一个东西只因他人相信了那个东西一样，他的能力便不会被运用。

（L 3.3；参照 L 3.4 第 68—69 页）

密尔也不是乐观地假设了每个人从不会犯错，尽管他在书中其他地方申辩称，每个人都知道什么是对他或她最好的（如 L 4.4）。他承认，在某些情况下，干预确实是可能的，以阻止一个人运用他的实践能力使自己受到伤害。但是，密尔问道，"作为一个人，他的相对价值又是什么？真正重要的，不仅在于人们做了什么，还在于做了这事的是什么样子的人"（L 3.4，第 69 页）。

再来看看密尔在《功利主义》第二章中关于更高快乐的观点。在《论自由》中，他鼓励社会允许个人自己决定如何过自己的生活，我们开始看到这种鼓励是如何基于福利将由此提升的观点的。但在《功利主义》第二章第七段中，密尔承认，许多有能力享受更高快乐的人陷入了涉及更低快乐的生活方式中。但密尔申辩称：

196

我不相信，那些经历了这种十分常见的变化的人，是自愿选择更低的快乐而舍弃更高的快乐……享受更高尚感情的能力，大多数人的天性都像一颗非常柔弱的花草，不仅很容易被各种不良的环境因素扼杀，而且只要缺乏营养，就很容易死亡；在大多数年轻人中间，如果他们在生活中投身的职业和社会都不利于这种更高能力的运用，那么它就会迅速夭折。

（第 13 页）

换言之，要责怪的是社会，是当今社会。密尔暗示，在一个有所改进的社会里，个体会选择更高而非更低的快乐。

总的来看，密尔认为一个人的人生计划是最好的，因为这是他自己的计划，这说得很有道理（L 3.14）。这不仅仅是因为，**总的来看**，个人事实上的确最了解自己的品味和兴趣，而且还因为自治本身是有价值的。你可能还记得，它是前面第三章我"理想"那一节中的益品之一。

那么，到目前为止，我们理顺了个性的几个组成部分：理性地过自己的生活——这也顺带让人具备了性格（L 3.5）——并由此最大地发展了自己的特定潜能，与自己的特定品味最相投。但这并还不是盖棺定论。因为到目前为止，密尔可能承诺让一个理性地、慎思地选择习俗那种宁静生活的人拥有个性。然而，还是像密尔在《论自由》的第二章中鼓励思想领域的活跃和活力一样，在第三章中，我们也了解到个性的另一个重要组成部分是**充满活力的**（energetic）性格，有着强烈的欲望和冲动（L 3.5）。个性的一部分是"异教的自我主张"（L 3.8），密尔在他那个时代的英国所看到的几乎唯一的出路就是商业（L 3.16）。

密尔在这里再次展现了他的影响。这让我们想起了亚里士多德对幸福中**活动**（activity）之重要性的强调，以及托克维尔对"充满活力的激情……和野性的美德"的赞美，这些都是在贵族中发现的，而那正是现代民主的发源

197

地（Aristotle c 330 BC：1098b31—1099a7；Tocqueville 1848：9）。密尔明确引用了威廉·冯·洪堡男爵（1767 — 1835）的观点，即个性在社会中繁荣有两个必要条件：自由和多样性（*L* 3.2）。在这里，他所说的自由是指以赛亚·伯林（Isaiah Berlin）所称的"消极自由"，即在这种情况下，免于他人之法律或道德强制的自由（Berlin 1958）。生活方式的多样性——"生活试验"（*L* 3.1）——将使我们更接近实践真理，也就是说，更接近关于其价值的真理，正如意见的多样性将使我们在理智上更接近真理（*L* 3.11）。事实上，这种多元化是欧洲过去成功的标志和背后的原因（*L* 3.18）。然而，围绕在他周围的那些明显的循规蹈矩让密尔十分沮丧，以至于他鼓励离经背道（ec-centricity）本身，认为这是打破习俗暴政的唯一途径（*L* 3.13）。此外，那些运用其个性以原始的和不同的方式生活的人，将"保持现有的生活"方式，就像那些偏离标准的意见使公认的意见保持活力一样（*L* 3.11）。

密尔甚至相信，民主国家的"普通"公民必须受到一两个天才的领导，后者运用自己的个性来超越平庸（*L* 3.13）。但他并不提倡独裁。这会是自我挫败的（self-defeating），因为这将不允许公民提升到他们能够达到的个性水平，而且无论如何都会使独裁者自身腐化。正义规则约束着每个人运用自己的个性，密尔申辩称，即使对被约束的人来说，这也不是全然无益。因为正义的约束本身会鼓励道德情感的发展（*L* 3.9）。

因此，密尔的书既是论自由，也是"论多样性"。如果我们从消极的意义上理解自由，这两者自身都没有价值。毋宁说，它们的价值在于使人类生活的实现成为可能，在这种生活中，个性是其突出面相。没有个性，就没有更高快乐的生活。至少在这个意义上，个性是所有快乐中最高的。

在本章中，我们看到密尔如何将他的功利主义原则应用到社会对个人生活干预的限度问题上。他在《论自由》中推荐的那些原则，虽然没有明确参考功利原则，但其合理性是来自功利原则。自由原则指出，这种干涉之得到

198

证成，只是为了防止对他人的伤害，这一原则不仅排除了对干涉的家长式证成，而且为受到保护的涉己领域提供了支撑。自由原则依赖于个性，后者体现在人们的生活中，具有福利价值，在人类进步的过程中也具有巨大的工具价值。同样的证成也支撑着密尔对言论自由的辩护：理解的价值、生动信念的重要性，这两者都可以为整个社会产生福利。密尔声明，自由原则是"绝对的"（L.9），但我注意到他自己的论点——关于犯罪、奴隶制和品味堕落——表明，他本人允许他的功利主义来调和自由原则的应用。我的提议是，以下这一点至少是可以论辩的，功利主义可以支持涉己领域，甚至比密尔自己所说的更严格地受到权利的限制。但无论这个提议是非曲直何在，我希望本章至少能让我们对密尔版本的功利主义的微妙之处和有力之处以及其在迫切的实践问题上的应用有所了解。在本书的最后一章，我们将研究另一个密尔所认为的极其重要的问题，在这个问题上他再次展现了他的功利主义光芒。

199

延伸阅读

《论自由》很值得从头到尾仔细研究。在过去的几十年里，围绕它产生了大量的二手文献。对密尔"自由主义"的标准解读是伯林的《约翰·斯图亚特·密尔与生活的诸目的》（Berlin 1959）。以专著形式解读的是登的《密尔论自由》（Ten 1980）。与我自己的思路并行的一个"功利主义"的解读，可以参见萨托里乌斯的《个人行为与社会规范》（Sartorius 1975）。另一个专著形式的解读是格雷的《密尔论自由》（Gray 1983），它也很好地讨论了个性。也参见斯特拉瑟的《密尔与自由的功利》（Strasser 1984）。典型的解读文章包括里斯的《对密尔论自由的再解读》（Rees 1960）；弗里德曼的《对密尔〈论自由〉的新研究》（Friedman 1966）；布朗的《密尔论自由与道德》（Brown 1972）；沃尔海姆的《约翰·斯图亚特·密尔与政府行动的限度》(Wollheim 1973)；莱利的《个性、习俗与进步》(Riley 1991b)；沃尔夫的《密尔、不雅与自由原则》(Wolff 1997)。关于家长制的经典讨论是范伯格的《法律家长制》(Feinberg 1971)和德沃金的《家长制》(Dworkin 1972)。关于表达自由的两篇优秀论文是麦克洛斯基的《表达自由：其依据和限度之一》(McCloskey 1970)和门罗的《表达自由：其依据和限度之二》(Monro 1970)；也参见麦克洛斯基的《密尔的自由主义》(McCloskey1963)。讨论密尔那里自我发展的重要性是唐纳的《自由的自我》(Donner 1991)。一篇讨论《论自由》与多元科学方法论的关系的有意思的文章是费耶阿本德的《反对方法》(Feyerabend 1970)。近来自由主义政治哲学中最重要的一部著作也涉及了密尔讨论的许多问题：拉兹的《道德的自由》(Raz 1986)。

200

第九章　功利主义与平等:《妇女的屈从地位》

一、揭开婚姻奴役的道德面纱

我们已经看到功利原则是如何作为密尔实践观的理论基石的。根据这一原则,正确的行动就是使总体福利最大化。我们的某些行动涉及我们日常参与的实践活动,或是"习俗的"道德。因为如果我鼓励我的孩子以自控友善为傲,以残酷为耻为疚,那么她就不大可能攻击他人,让她在恰当时刻感受到这些情绪,从而用功利主义的方向引导她的行动,这就是功利主义的意义。

正如我们所见,密尔承认,习俗道德的某些部分可能牢固建立在促进人类福利之上(SW1.5;参照 SW 1.4)。这包括诸如正义原则之类的某些"次要原则",这些原则经反思而生,并由此持续,且在检验中优于其他替代原则。然而,习俗道德的另一些部分,如密尔所看到的,人们为了自身利益而普遍愿意干涉他人,却让密尔深恶痛绝,希望见到其不复存在的一日。换言之,单凭某条道德原则被广泛接受这一事实,并不能证成这一道德原则。习俗自身并无权威。

在另一个领域，密尔认为他那个时代的习俗道德需要在两性关系方面进行激进的变革。这里密尔意识到他是在进行一个穷其一生的战役，从他17岁因为分发避孕传单被捕开始，直到生命最后阶段，他还在议会中为争取女性的选举权而抗争。如他所见，这场抗争是反抗习俗，反抗那些保护的习俗的强烈的、非理性的情感（*SW* 1.2）。密尔在《妇女的屈从地位》中首要任务之一，就是揭示维多利亚时代骑士精神的绅士外表背后的压迫现实：

> 不可避免的，这个建立在暴力之上的社会关系将存在下去，经过几代建立在平等正义之上的制度，成了他们的法律和习俗的一般性质的几乎唯一的例外。但是，在它不正式宣布其起源、讨论尚未揭示其真正性质之前，人们并感受不到它同现代文明的冲突，就像希腊人不感到他们的家庭奴隶制度与他们自己的自由民观念存在冲突一样。

> （*SW* 1.6，第291页）

那么，男人和女人的相对地位的起源是什么？根据密尔所言，要完全理解这一点需要人们掌握道德自身的历史，如此人们才能够看出那些关系是如何仍然被一种在生活其他领域已废弃的道德所管治的。

密尔表示，在人类社会的最早时期，每一个女性，因其体力弱势和性别吸引力，会遭到某个男人的奴役。从这种原初的霍布斯式自然状态还发展出一套法律体系，不过是让这些隶属关系合法化了而已：

> 奴役，从只是主奴之间的强迫之事变成了正规的、主人们之间的协定之事。主人们为了共同保护而互相联合，以他们集体的力量保证每个人的私有财产，包括其奴隶。

> （*SW* 1.5，第289页）

于是，原初的奴役是女性不平等的根源。并且在这种原初关系合法化中将会发现社会或法律义务的起源：那些违背"强制法律"（law of force）的

202

人们被看作是犯了最严重的罪行，该受到极为残酷的惩罚（SW 1.7）。我们在此一定不要忘记密尔那精炼且重要的阐论，即他在《功利主义》第五章第十四段所说的，道德起源于惩罚的欲望（参见第五章和第七章）。

渐渐地，从上层人士那里发展出的某种义务感也趋向了下层百姓（尽管不是奴隶），这是良心（consciences）发展的结果，它促使人们出于责任感遵守那最初是出于方便而做出的承诺。这种从纯粹强制法律而来的演化就是那种我们可将之承认为道德的事物的开端：

> 即使从如此狭窄的领域中废除那个原来的法律，也开始了人性的重建，其方式是通过一些情操的产生，这些情操很快就被经验证明，对物质利益也有巨大价值的，自此以后，所要求的只是这些情操的扩展而非创建。

（SW 1.7，第 292 页）

于是，斯多葛学派出现了对奴隶具有义务的观念，并沿用于基督教中。（SW 1.7；参照 SW 2.12）尽管没有得到广泛采纳，这却是处于道德新阶段的最清晰例子——骑士精神的道德，强者会因为克制不欺压弱者而被称赞。（SW 2.12）

二、骑士精神与正义

事实上，女性在很早时候就为骑士道德产生的环境发挥了作用（SW 4.8）。因为女性的脆弱性，她们因其女性的柔弱，会鼓励男人不要实施暴力，用非暴力的方式解决争端。然而，女性并不希望她们的男人胆怯，毕竟她们自己需要保护。于是勇气总是被母亲拿来鼓励儿子，被女性用来鼓励她们的年轻男性情侣。一个拥有军人美德的人可能也会被其他男子羡慕,这种羡慕会提供额外的机会获得女性的喜爱。于是骑士道德,特别是面对着以自身女性魅力作为其最大优势的女性,在于一种集尚武与文雅一体的看似古怪的组合。

然而,骑士精神的道德已是往事(SW 4.9)。战士的个人主义已被商业和工业中的协同合作所取代:"现代道德生活的主要基础必须是公正和审慎,每个人尊重他人的权利,并且每个人有能力照顾自己"(SW 4.9,第 378 页)。

骑士精神并不完全成功。它依赖于赞美而不是责备和惩罚,因此大多数人的行为并不受其影响,对以荣誉作为回报也无动于衷。有了正义的道德,社会就有了一种集体手段,使强者在不依赖于他们更高层次感情的情况下保持体面,而且它确实是这样做的——除了在男女关系方面。大多数男人对大多数女性的行为既不受正义的道德所管治,甚至也非骑士精神的道德,而是服从的道德——一种强制法律。

正义的道德建立在人类平等之上。人的出生并不能严格决定人必须采取的人生旅途;相反,人可以自由地运用才能获取他们最期望的生涯(SW 1.13;SW 4.5)。并且正如我们在前一章看到的,这种自由保护了自治,后者是福祉的最重要来源之一。众所周知的是,如果把不必要的障碍置于个人的前进途中,不仅对个人是不公平的,而且也损害了整体的社会利益:"无人认为有必要制定一条法律,只有臂力强壮者才能可当铁匠"。

虽然在密尔的正义道德的主张中有一些明显的夸大,而且在反思当下的性别关系加诸社会发展的束缚时,他确实变得更加乐观。但无可置疑的是,密尔正在撰写的内容在那个时代很少被广泛承认是一种严重的不正义。密尔的解释是什么?

一个主要原因是女性一直以来在体力上的弱势(SW 1.6)。男人对女人没有什么可害怕的,于是也看不出有什么理由向她们让步。密尔注意到,在

204

《妇女的屈从地位》出版之前的 30 多年里，英国公民还可以占有（own）其他人，而在欧洲，绝对君主制或军事专制这样的政府体系也只是近些年才开始衰落。"这是既定制度的威力"（SW 1.8）。既然每个男人对他最亲近的人专制都有利，他不放弃权力有什么可奇怪的呢？

密尔相信，性别方面的习俗道德更多是由情操和情感来支撑的（SW 1.2）。既然男性灌输给女性，她有责任去服从和自我克制（SW 1.11），许多女性不想要有任何变革也不足为奇了。

但是密尔意识到许多女性并没有上当（SW 1.10）。许多女性在她们的作品中抗议性别歧视，为获得投票权和受教育权大声疾呼。另外，还有更多女性憎恶她们丈夫的暴政，尽管她们没有从整体上抗议男性。但如果丈夫对妻子的管辖不再如此严苛，那将会有更多人抗议。

密尔相信妻子处于一种奴役的地位（SW 2.1）。他期待这一旦得到承认，激烈的改变将会随之而来。我们现在就得考虑，那些改变会是什么，它们如何发生。

三、婚姻、平等机会与女性的解放

密尔对他社会中的女性地位感到震惊。他特别关注婚姻的性质，他认为女性是被强迫进入婚姻的，因为她们缺少任何其他严肃的备选项（SW 1.25）。他把婚姻史描述为道德史的一部分。像通常的奴隶制一样，强制法中也有婚姻的起源，女性要么为丈夫所有，要么为父亲所有（SW 2.1）。一位女性没有合法的权利去反抗她的丈夫，后者对她有着不折不扣的统治权；按照"英格兰的古老法令"，谋杀丈夫被看作是严重的叛逆，要处以火刑。密尔注意

205

到,即便是现在,女性在神坛上宣誓服从也受到法律的支持,她的财产会转移给她的丈夫(而并非**反之亦然**)。女人没有属于自己的时间;她总是要等待丈夫的召唤。她对自己的身体没有任何权利;在英国法律中没有婚内强奸罪。丈夫对孩子有合法的权利,大多数女性没有真正的机会逃脱她们丈夫的暴政。

性别歧视当然不限于私人领域。密尔认为在此处无须详谈(SW 3.1),因为禁止女性在大学申请教职就是不争的事实,"同样禁止去碰任何有利可图的职位,以及差不多所有高级的社会部门"。当然,特别是女性既不能选举,也不能竞选议员。(SW 3.2)

那需要做些什么呢?密尔说,《妇女的屈从地位》目的就是提倡"一种完全平等的原则,不承认一方享有权力或特权,也不承认另一方无能力。"(SW 1.1)婚姻应该建立在平等条件之上(SW 1.25)。作为一种自愿结合,夫妻之间应规定为合作关系,且各自权力分割类似于商业上的合伙人(SW 2.7)。女性当然应该有投票权,应该获准进入那些与男性在政府、商业以及其他等领域相同的职位。

甚至大多数在其他方面赞同密尔的人都认为他的观点,尤其是关于婚姻的观点,激进而危险。詹姆斯·菲茨詹姆斯·斯蒂芬(James Fitzjames Stephen)是批评密尔最激烈的人之一,认为他在女性平等问题上的立场近乎有伤风化(Stephen 1874:134—5)。因此,也就不奇怪密尔为何推迟了此书的出版,并努力避免离婚等大费周章的问题(SW 2.1)。①

206

然而,当代作家普遍批评密尔,说他走得不够远。密尔最多只能被看成是支持了女性权利,而不是女性的解放(例如,参见 Goldstein 1980)。他提倡的只是女性在机会上的平等,却并没有如此看待女性的社会环境,而那种

---

① 考虑到他与泰勒夫人的关系,对他来说这怎么都是一个棘手的话题:参见第一章。

社会环境会阻止大多数女性获取任何她们可以有的机会，这一点密尔是很清楚的。

人们可能觉得这一批评对密尔有些不公。我们知道，他把法律和习俗道德都看作是福利最大化的重要社会工具，因而也可以预计他会专注于这些建制内部的变革，将其作为进步的工具。他很清楚社会对女性的灌输，夸大了女性温顺和屈从在道德和性方面的重要性（*SW* 1.11）。但他相信，法律和习俗道德上的平等将带来家庭的性质及其内部关系，乃至整个社会性质上的重要变化：

> 公正地组成的家庭将是自由之诸美德真正的学校……需要的是，它应该是同情平等的学校，是共同生活在爱之中的学校，没有一方有权另一方服从的现象。父母之间应该这样。这样就是自由之诸美德的运用，每一种美德都要求所有美德适合于所有其他的交往，这样就是孩子们的感情和行为的楷模，以服从的手段对孩子们进行暂时的训练以期成为他们的习惯。

（*SW* 2.12，第331—332页）

去除性别歧视也将会给女性带来"一个理性的自由生活"（*SW* 4.19）。这里密尔谈到了女性的"解放"，可以清晰地明白他说的是女性不仅不受男性的强迫，而且可以积极地、自由地为自己的生活做出重要决定。

因而密尔关注的是女性的解放，是让她们能够行使平等的权利，而不仅仅是拥有权利。他说的也在理。如果社会上大多数人，无论是女性还是男性，开始将女性视为在私人和公共领域中与男性在法律和道德上平等的人，而不在明显无须考虑性别时考虑性别因素，那么女性的地位将会大大提高。然而，正如我将在下一节中要表明的，我讨论的那些对密尔的现代批评也并非完全不切题。

四、密尔的经验主义与意识形态的力量

密尔承认习俗的权威。他也许错在没有看到现代社会中的女性观是有多么根深蒂固。在早期的一篇文章中，密尔申辩称两性之间也许除了体力差异外，没有天然的不平等（O 21.42）。在《妇女的屈从地位》中，密尔更谨慎。在他的时代，就像我们时代一样，关于女性天性的争论非常激烈，密尔想要回避这些争论。作为一个只准备接受经验证据的严格的经验主义者，密尔说，大概是因为我们意识到扭曲的力量在起作用，从而除了知道女性当下的状态是不自然的之外，我们对女性的天性一无所知（SW 1.18）。历史告诉我们，人类极易受到外界的影响（SW 1.19）。支配总是显得很自然，而事实上对大多数人来说，差不多只有不寻常的才是不自然的（SW 1.19）。对于什么是自然的，各种看法千差万别（SW 1.19；SW 3.14）。女性不被允许谈论自己自身的经验，不管怎么说，在不平等关系，坦诚都不是一种普遍品质（SW 1.21）。但密尔说，从道德角度而言，这全都是旁枝末节："因为根据现代社会所关涉的一切原则，整个问题取决于女性自己——由她们自己的经验和运用自己的才能来决定"（SW 1.23，第 312 页）。

然而不幸的是，在谈到女性以及她们当下状况时，密尔不那么用心。在试图解释为什么女性应该被允许进入商业和公共生活时，密尔提供了一套关于女性能力的概括，却是以他在别处批评过的那种方式，故未得到支撑（SW 3.8—13）。据说女性比男性更具有实践力，相比于男性的抽象推理，她们有对特定事实的"直觉"和敏感。她们往往比男性更紧张，思维更灵活，但精力不易集中。

诚然，密尔煞费苦心地强调他并不是在宣称女性的普遍天性，而只是呈现女性就其所是的样子。尽管如此，他的"纯属经验的概括，是没有哲学或分析的勾画"（*SW* 3.14）不仅使密尔首次陷入了许多当代女性主义者所关心的同异之辩的困境，还表明了，时代不允许他执行他在《逻辑学体系》结尾所描述的"行为学"规划，当属幸事。无论密尔的主张对错，它们都与他论证的实践性无关，而且这些主张是建立在关于女性天性的主张（比如说，她们有母性的本能或在性方面更不知足）而非更多的证据之上。

更糟的是，对于女性一旦获得解放应该做出什么样选择，密尔表达了自己的一番见解，可他的观点却有些保守：

> 恰恰在另外方面，妻子应该用自己劳动所得增加家庭收入……这一习俗并不可取……正如男子挑选职业时一样，当一位女性结婚时，一般地说可以理解为她是选择了管理家务、生儿育女作为她努力的第一要务。

（*SW* 2.16，第 336 页）

有人也许会认为密尔所说的这些事情不过是为了迎合他那些性别歧视的听众，如此一来大概能说服他们更多赞同自由的立场（比较他在《论自由》中对穆斯林的评论以及他对基本的做人道理的评价）。但事情很可能并非如此。密尔相信，同父亲相比，母亲与孩子更加亲近（"致胡克的信"[1869] 17.1640），他也没有说要更多地让男人去抚养孩子。（*SW* 3.1）

密尔的错误不仅仅是在没有充分证据的情况下对女性进行概括，他已经明确提醒过不能如此。他还犯了两个类似于我提到的《论自由》中的错误。回想一下，我们应如何看待《论自由》中的涉己错误的那些讨论，密尔没有看到，社会专制也许是建立在他所允许的对他人的批评之上。他在此没有注意到，如果人们普遍认为女性应该抚养孩子而不是去工作，这将造成一种让女性难以自由选择的氛围。她们不仅可能就想不到其他选择，而且还面临着社会压力去服从这种安排。此外，在《论自由》那些涉己错误的段落中，密

209

尔似乎不仅暂时遗忘了习俗的权威，而且没有意识到他本人文本的权威。在《妇女的屈从地位》中也同样如此。通过倡导女性的家庭角色，密尔正中那些性别歧视者的下怀，后者希望阻止女性与男性在任何可能的条件下平等竞争。

密尔在女性论述中的张力展现了他恰恰想要揭示的那种意识形态的力量。一方面，他清楚地看到了多年来男性采用复杂的方法让女性屈从，另一方面，他并没有意识到他自己也陷入了绝大多数女性的角色就是为了抚养孩子这一神话中，并由此照单全收了另一些神话，如丈夫年长或丈夫事实上赚钱就赋予他在婚姻中有更强的话语（*SW* 2.9）。

不过，这些瑕疵不应让我们无视密尔在女性平等上的力量和雄辩。无论怎样，他毕竟允许"将一般规则运用于个人的适应性应有最大的灵活性"（*SW* 2.16）。我们发现他在阐明正义的道德时的一个立场，不仅为他修正儿童养育的观点提供了资源，而且在性别平等的论争中还依然重要：

> 如果在某种一般的推论上，预先确定某些人不适合干某些事情，就是超越了权威的恰当界限。现在，众所周知且承认，如果存在诸如此类的推断，那也不是绝对无误的。即使在大多数情况下有很好的根据（很可能并非如此），也将在少数例外的情况下不成立：在这些情况下，既对个人不公平，又设置障碍不让他们为自己的利益或为他人的利益去发挥其才能，从而于社会有害。另一方面，在真正的不适宜面前，人类行为的通常动机在整体上就足以阻止无能力者去做或者坚持要去做。

210

（*SW* 1.13；参照 *SW* 3.1，第 303 页）

在 1869 年，美国女性解放的先驱者伊丽莎白·凯迪·斯坦顿（Elizabeth Cady Stanton），就密尔的书致信于他：

> 我带着一种从未有过的平静和喜悦把书放下，因为这是男人第一次做出以下反应，表明他有能力看到和感受女性的种种不公及其程度，以

及女性弱点和低下的重要之处。

（Lutz 1940：171—2；引于 Rossi 1970：62）

在这章的最后一节，我会表明密尔采用了曾在《功利主义》与《论自由》中发展的理论来论证女性的平等。

五、变革的益处

密尔倡导，与其让流行的习俗来决定女性在社会中的地位问题，不如去思考：

> 作为一个正义和利害的问题：像对人类的其他社会安排一样，对这个问题的决定取决于有见识地估计其趋势和后果，要表明其对于不分性别的整个人类是最有利的。

211

（SW 1.17，第 305 页）

于是，密尔认为正义的道德是适合现代性的习俗道德。在我们自身所处的环境中，要由平等来支配我们彼此之间的关系，因为这样才能最好地促进人类福利。

在《功利主义》关于正义的讨论中，密尔表示，较之正义的所有其他组成部分，平等面临着更多的分歧（5.10）。然而，他所说的两性平等是很清楚的：实质的权利平等，以及每个公民对其他所有人（不论男女）在态度上的平等尊重。对于密尔来说，平等与应得密切关联："我们应该同等善待所有应当得到我们平等善待的人（只要没有更高的责任禁止这样做）"（5.36，第 77 页）。正如我们在下文所见，他敏锐地意识到这种不幸，女性们看到社会上的种种安排阻碍了她们如其所愿地施展自己的才能。

那什么才是平等的结果呢？当然这对女性是最重要的。第一，她们将从许多丈夫强加给妻子的可怕痛苦中解脱出来（*SW* 2.1；*SW* 4.2）。作为丈夫，密尔当然知道，并不是所有的丈夫都是暴君；但他同样痛苦地意识到，家庭中针对女性的暴力程度，以及社会和法律缺乏对她们的保护。不管丈夫打不打女人，女人都爱她们的丈夫，这不足为奇：在希腊和罗马的奴隶主和奴隶之间也打造了类似的依系。

第二，女性可以在基于平等的婚姻中实际受益（*SW* 4.15—18）。夫妻双方在兴趣、品味、愿望和倾向上可能有更大的相似性，从而减少痛苦的分歧。密尔将理想的婚姻与友谊相比，在友谊中，交往和同情使每个伙伴通过洞察对方的世界观来丰富他或她自己。毫无疑问，密尔是根据他与哈丽特·泰勒关系那番经验来说这番话的，而且既然他说性交是一种"动物功能"（*SW* 2.1），从中可以预计，他强调的是婚姻关系不在性的那一方面。

第三，同样重要的是，密尔的变革为女性提供了一种理性的自由人生，取代了那种屈从于男性意愿的人生（*SW* 4.19—20）。在此我们看到密尔不仅依赖于《功利主义》，以及其中发展而来的正义和人类福祉的概念，而且也依赖于《论自由》中对自由和个性所做的理解。密尔论辩道，除了衣食，自由是人类最重要的需求。密尔要求他的读者不要关注自由对其他人有多重要，而要关注自由对读者自己有多重要——然后根据自己的情况得出自由对他人有多重要的结论： 212

> 从希罗多德时代至今，不管人们如何评述，自由政府的崇高影响在于——它赋予一切官能以胆量和精力，它呈现给智慧和感情以更大更高的目标，它产生了更大公无私的公众精神以及给更冷静宽广的责任观点，它把作为道德存在、精神存在和社会存在的个人提升至普遍更高的平台上——对女性同对男人一样，一丝一毫都是正确的。这些事情难道不是个人幸福的重要部分吗？

（*SW* 4.20，第 390 页）

因此，自由运作自己人生这种经验是人类福利的核心要素。密尔强调了两个更进一步的要素，而女性通过行使这种自由将这两个要素整合进自己的人生：成就，以及思考成就所带来的乐趣（*SW* 4.21—2）。我们已经看到，密尔相信女性应该待在家里，所以他的建议主要是针对那些抚育了一个家庭的女性。他表示，对这些女性来说，目前唯一可行的积极出路是慈善事业，其结果只是从那些被帮助者身上去除了他们自治能力（*SW* 4.11）。女性不仅可以在男性目前取得成就的领域取得成就，她们还可以享受自己的成就（那又是一件"对人类幸福至关重要"的事情），并且避免那荒废人生中无谓的失望和不满。

密尔意识到，他不能把他的观点仅仅建立在平等对女性的好处上。他论辩道，男性也会从中受益。像女人一样，他们将能够享受一段伴随着平等友谊的婚姻。但他们的立场不会有明显的改进。例如，一个人如果希望按照他自己的良心和他所见的真理来生活，他就能够这样做，即使他的意见与大众相左（*SW* 4.13—14；参照 *S* 2.5）。当下他大概不会这样做，因为社会牺牲有可能会加诸他的家庭上。"不管谁有妻子和儿女，就是受质于葛兰第太太"①。在他和泰勒夫人承受了社会的普遍态度之后，密尔非常清楚社会排斥的影响（见第一章）。

但对男性而言，这件事的主要好处还是在于它对社会整体有益。社会将受益于女性的建设性影响，而不是有害的影响（*SW* 4.8—12，20）。目前，被否认了自由权的女性不顾一切地追求权力，而不考虑其更广泛的社会影响。赤裸裸的权力会使人堕落，不管它是由女人还是男人掌握的。有了平等，女性的兴趣不仅会超越葛兰第太太的范畴，而且会延伸到将温柔的美德

---

① 葛兰第太太，出自汤姆森·莫尔顿（Thomas Morion）的《加快耕耘》（*Speed the Plough*，1798），代表了一种眼界狭隘的对正当得体的看法。

与对整个社会的无私关怀结合起来。

歧视是低效的，导致被歧视者的潜力无法实现或运用（*SW* 1.13—14，24；*SW* 3.1；*SW* 4.6-7）。女性的平等教育以及她们进入从前被禁止从事的职业将提供巨大的脑力资源，并激发男子参与良好竞争。

平等的教育也会影响男人和女人的品格：女人会变得更加自信，男人会更加自我牺牲（*SW* 2.10）。而且，正如我们上面所看到的，家庭作为"同情平等的学校"会对社会道德产生其他影响（*SW* 2.12）。当下的建制使男人变得"堕落"（*SW* 2.13；参照 *SW* 2.4）。密尔对此坚信不疑："人类中存在的一切自私自利、自我崇拜、不公正的自我偏爱，根源在于男人和女人之间的关系的现行构造，并主要由其滋养而生"（SW 4.4，第 371 页）。

214

人们可能认为密尔在夸大其词。当然，他又在冒险，且超出了经验主义可能允许的范围。但是，如果以正确的理由从各个阶层的家庭中根除性别歧视，那么许多在该建制中长大的人将会在别处达到正义的道德，这并非胡言乱语："尽管未来的几代人可能感觉不到或不普遍承认这个真理，但真正的道德情操的唯一学校是平等的人之间的社会"（*SW* 2.12，第 330 页）。

所有人都被赋予应得的权利和尊重，对这一社会的愿景，是密尔的行动功利主义所支持的自由主义和平等主义的核心。这一愿景在今天仍然与过去一样重要，现代功利主义者强调，这样一个社会的边界不仅应该扩展到包括女性，而且应该包括所有国家的人类，甚至是人类之外的动物。与密尔那个时代相比，今天的许多方面事实上距离密尔的理想依旧遥远，这令人沮丧，也使他的道德和政治著作（所有这些都必须根据《功利主义》来解读）仍理所应当地保留在道德和政治辩论的中心，直至多年以后。

延伸阅读

除了《妇女的屈从地位》之外，值得一读的还有密尔的《论婚姻》

（On marriage）一文，这篇文章与哈瑞特·泰勒的文章一起刊于密尔夫妇的《论性别平等》（Mill and Mill 1970）。对《妇女的屈从地位》的一般讨论包括：米利特的《性别政治》第 89—108 页（Millett 1970）；（比较了密尔与拉斯金）；（Anns 1977）；奥金的《西方政治思想中的女性》第 4 部分（Okin 1979）；伯格尔的《幸福、正义与自由》第 195—204 页（Berger 1984）；海克曼的《约翰·斯图亚特·密尔的〈女性的屈从〉》（Hekman 1992）；唐纳的《约翰·斯图亚特·密尔的自由女性主义》（Donner 1993）。对婚姻的讨论，参见曼德斯的《真心缔造的婚姻》（Mendus 1989）；尚利的《婚姻奴役与友情》（Shanley 1991）；乌尔比纳蒂的《约翰·斯图亚特·密尔论男性荷尔蒙与理想婚姻》（Urbinati 1991）。其同异之处，见迪斯蒂法诺的《重读密尔》（Di Stefano 1989）。

215

参考书目

参考书目包括我文本中提到的书目，以及其他我认为是有用的书目。

Adams, R.M. 1976: 'Motive utilitarianism', *Journal of Philosophy 73.*

Altham, J.E.J. and R.Harrison（eds）1995: *World, Mind, and Ethics: Essays on the Ethical Philosophy of Bernard Williams*, Cambridge.

Annas, J. 1977: 'Mill and the subjection of women', *Philosophy 52.*

Anscombe, G.E.M. 1957: *Intention*, Oxford.

Archard, D. 1990: 'Freedom not to be free', *Philosophical Quarterly 40.*

Aristotle c 330 BC: *Nicomachean Ethics*, standard Greek edn: ed. J.Bywater, Oxford, 1894；mod. edn trans.

T.Irwin, Indianapolis, 1985.

Arneson, R. 1980: 'Mill versus paternalism', *Ethics 90.*

Arneson, R. 1989: 'Paternalism, utility and fairness', *Revue Internationale de Philosophic 43.*

Atkinson, R.F. 1957: 'J.S.Mill's "proof" of the principle of utility', *Philosophy 32.*

Ayer, A.J. 1965: *Philosophical Essays,* London.

Bain, A. 1882: *John Stuart Mill*, London；repr. Bristol, 1993.

Baker, J.M. 1971: 'Utilitarianism and secondary principles', *Philosophical Quarterly 21.*

Baker, J. 1980: 'Mill's captivating "proof" and the foundations of ethics', *Social Theory and Practice 6.*

Barry, B. 1995: *Justice as Impartiality*, Oxford.

Bentham, J. 1789: *An Introduction to the Principles of Morals and Legislation*, London；mod. edn ed. H.L.A.Hart and F.Rosen, Oxford, 1995.

Berger, F. 1984: *Happiness, Justice, and* Freedom, Berkeley, California.

Berger, F. 1985: 'Reply to Professor Skorupski', *Philosophical Books 26.*

Berlin, I. 1958: '*Two concepts of liberty*', Oxford.

Berlin, I. 1959: 'John Stuart Mill and the ends of life', repr. in J.Gray and G.W.Smith (eds) *On Liberty in Focus*, London, 1991.

Bogen, J. and D.M.Farrell 1978: 'Freedom and happiness in Mill's defence of liberty', *Philosophical Quarterly 28.*

Bond, E.J. 1983: *Reason and Value*, Cambridge.

Bradley, F.H. 1927: *Ethical Studies*, Oxford, 2nd edn.

Brandt, R.B. 1979: *A Theory of the Good and the Right*, Oxford.

Brink, D.O. 1992: 'Mill's deliberative utilitarianism', *Philosophy and Public* Affairs 21.

Britton, K. 1953: *John Stuart Mill*, Harmondsworth.

Broad, C.D. 1930: *Five Types of Ethical Theory*, London.

Brown, A. 1986: *Modern Political Philosophy: Theories of the Just Society,* Harmondsworth.

Brown, D.G. 1972: 'Mill on liberty and morality', *Philosophical Review 81.*

Brown, D.G. 1973: 'What is Mill's principle of utility?', *Canadian Journal of Philosophy 3.*

Brown, D.G. 1974: 'Mill's act utilitarianism', *Philosophical Quarterly 24.*

Brown, D.G. 1978: 'Mill on harm to others' interests', *Political Studies 26.*

Butler, J. 1726: *Fifteen Sermons,* mod. edn in Collected Works, ed. J. Bernard, London, 1900, vol. 1.

Carr, S. 1975: 'The integrity of a utilitarian', *Ethics 86.*

Cohen, S. 1990: 'Proof and sanction in Mill's utilitarianism', *History of Philosophy Quarterly 7.*

Conly, S. 1983: 'Utilitarianism and integrity', *Monist 66.*

Cooper, N. 1969: 'Mill's "proof" of the principle of utility', *Mind 78.*

Cooper, W.E., K.Neilsen and S.C.Patten (eds) 1979: New Essays on John Stuart Mill, *Canadian Journal of Philosophy*, suppl. vol. 5.

Copp, D. 1979: 'The iterated-utilitarianism of J.S.Mill', in W.E.Cooper, K.Nielsen and S.C.Patten（eds）, *New Essays on John Stuart Mill,*

Canadian Journal of Philosophy, suppl. vol. 5.

Cottingham, J. 1983: 'Ethics and impartiality', *Philosophical Studies 43.*

Cottingham, J. 1996: 'Impartiality and the virtues', in R.Crisp（ed.）, How Should One Live? *Essays on the Virtues*, Oxford.

Crisp, R. 1992: 'Utilitarianism and the life of virtue', *Philosophical Quarterly 42.*

Crisp, R. 1994: 'Aristotle's inclusivism', Oxford *Studies in Ancient Philosophy 12.*

Crisp, R. 1996a: 'Mill on virtue as a part of happiness', *British Journal for the History of Philosophy 4.*

Crisp, R. 1996b: 'The dualism of practical reason', *Proceedings of the Aristotelian Society 96.*

Cupples, B. 1972: 'A defence of the received interpretation of J.S.Mill', *Australasian Journal of Philosophy 50.*

Dahl, N.O. 1973: 'Is Mill's hedonism inconsistent?', *American Philosophical Quarterly,* Monograph 7.

Davis, N. 1980: 'Utilitarianism and responsibility', *Ratio 22.*

Diggs, B.J. 1964: 'Rules and utilitarianism', *American Philosophical Quarterly 1.*

Dinwiddy, J. 1989: *Bentham,* Oxford.

Di Stefano 1989: 'Re-reading J.S.Mill: interpolations from the（m）other world', in M.Barr and R.Feldstein（eds）, *Discontented Discourses,* Urbana, Illinois.

Donner, W. 1991: *The Liberal Self*, Ithaca.

Donner, W. 1993: 'John Stuart Mill's liberal feminism', *Philosophical Studies 69.*

Downie, R.S. 1966: 'Mill on pleasure and self-development', *Philosophical Quarterly 16.*

Dryer, D.P. 1969: 'Essay on Mill's *Utilitarianism*', introduction to J.S. Mill, *Collected Works*, 33 vols, ed. J.Robson, Toronto, vol. 10.

Dryer, D.P. 1979: 'Justice, liberty, and the principle of utility in Mill', in W.E.Cooper, K.Nielsen and S.C.Patten（eds）, *New Essays on John Stuart Mill, Canadian Journal of Philosophy*, suppl. vol. 5.

Dworkin, G. 1972: 'Paternalism', *Monist 56.*

Dworkin, R. 1984: 'Rights as trumps', in J.Waldron（ed.）, *Theories of Rights*, Oxford.

Ebenstein, L. 1985: 'Mill's theory of utility', *Philosophy 60.*

Edwards, R.B. 1979: *Pleasures and Pains*, Ithaca.

Feagin, S. 1983: 'Mill and Edwards on the higher pleasures', *Philosophy 58.*

Feinberg, J. 1971: 'Legal paternalism', *Canadian Journal of Philosophy 1.*

Feyerabend, P. 1970: 'Against method', *Minnesota Studies in the Philosophy of Science 4.*

Finnis, J. 1980: *Natural Law and Natural Rights*, Oxford.

Fox, C. 1882: *Memories of Old Friends*, ed. H.N.Pym, London.

Friedman, R. 1966: 'A new exploration of Mill's essay *On Liberty*', *Political Studies 14.*

Gibbard, A. 1965: 'Rule-utilitarianism: just an illusory alternative?', *Australasian Journal of Philosophy 43.*

Gildin, H. 1964: 'Mill's On Liberty', in J.Cropsey (ed.), *Ancients and Moderns*, New York.

Glover.J. 1984: *What Sort of People Should There Be?*, Harmondsworth.

Glover, J. (ed.) 1990: *Utilitarianism and its Critics*, New York.

Godwin, W. 1798: *Enquiry Concerning Political Justice*, 3rd edn, London ; mod. edn ed. I.Kramnick, Harmondsworth, 1985.

Goldstein, L. 1980: 'Mill, Marx and women's liberation', *Journal of the History of Philosophy 18.*

Goodin, R. 1991: 'Utility and the good', in P.Singer (ed.) „*A Companion to Ethics*, Oxford.

Gray, J. 1983: *Mill On Liberty: A Defence*, London, 1983.

Gray, J. and G.W.Smith (eds) 1991: *On Liberty in Focus*, London.

Green, T.H. 1883: *Prolegomena to Ethics*, Oxford.

Griffin, J. 1986: *Well-Being*, Oxford.

Griffin, N. 1972: 'A note on Mr Cooper's reconstruction of Mill's "proof"', *Mind 81.*

Grote, J. 1870: *An Examination of the Utilitarian Philosophy*, Cambridge.

Hall, E.R. 1949: 'The "proof" of utility in Bentham and Mill', *Ethics 60.*

Hare, R.M. 1952: *The Language of Morals,* Oxford.

Hare, R.M. 1981: *Moral Thinking: Its Methods, Levels, and Point*, Oxford.

Harris, G. 1989: 'Integrity and agent-centred restrictions', *Nous 23.*

Harris, J. 1974: 'Williams on negative responsibility and integrity', *Philosophical Quarterly 24*.

Harrison, J. 1975: 'The right, the just and the expedient in Mill's *Utilitarianism*', in T.Penelhum and R.A.Shiner (eds), *New Essays in the History of Philosophy, Canadian Journal of Philosophy*, suppl. vol. 1.

Harrison, J. 1979: 'Rule utilitarianism and cumulative-effect utilitarianism', in N.E.Cooper K.Nielsen and S.C.Patten (eds), *New Essays on John Stuart Mill, Canadian Journal of Philosophy,* suppl. vol. 5.

Harrison, R. 1983: *Bentham*, London.

Harrod, R. 1936: 'Utilitarianism revised', *Mind 45*.

Hart, H.L.A. 1963: *Law, Liberty, and Morality*, Oxford.

Harvie, C. 1976: *The Lights of Liberalism: University Liberals and the Challenge of Democracy 1860–86*, London.

Haworth, A. forthcoming*: Freedom of Speech*, London.

Hearns, S.J. 1992: 'Was Mill a moral scientist?', *Philosophy 67*.

Hekman, S. 1992: 'John Stuart Mill's *The Subjection of Women*: the foundations of liberal feminism', *History of European Ideas 15*.

Herman, B. 1983: 'Integrity and impartiality', *Monist 66*.

Hoag, R.W. 1986: 'Happiness and freedom: recent work on John Stuart Mill', *Philosophy and Public Affairs 15*.

Hoag, R.W. 1987: 'Mill's conception of happiness as an inclusive end', *Journal of the History of Philosophy 25*.

Hoag, R.W. 1992: 'J.S.Mill's language of pleasures', *Utilitas 4*.

Hobbes, T. 1651: *Leviathan,* London﹔mod. edn ed. C.B.Macpherson, Harmondsworth, 1968.

Hollis, M. 1995: 'The shape of a life', in J.E.J.Altham and R.Harrison (eds), *World, Mind, and Ethics: Essays on the Ethical Philosophy of Bernard Williams,* Cambridge.

Honderich, T. 1974: 'The worth of John Stuart Mill on liberty', *Political Studies 22*.

Hooker, B. 1993: 'Political philosophy', in L.McHenry & F.Adams (eds), *Reflections on Philosophy,* New York.

Hooker, B. 1995: 'Rule-consequentialism, incoherence, fairness', *Proceedings of the Aristotelian Society 95*.

Hume, D. 1739–40: *A Treatise of Human Nature*, London；mod. edn ed. L.Selby-Bigge, rev. P.H.Nidditch, 2nd edn, Oxford, 1978.

Hume, D. 1751: *An Enquiry Concerning the Principles of Morals*, London；mod. edn ed. L.Selby-Bigge, rev. P.H.Nidditch, 3rd edn, Oxford, 1975.

Hurka, T. 1993: *Perfectionism*, Oxford.

Hutcheson, F. 1755: *A System of Moral Philosophy,* London；mod. edn in *Collected Works,* Hildesheim, 1969, vols 5–6.

Irwin, T.H. 1997: 'Mill and the classical world'，in J.Skorupski （ed.），*Cambridge Companion to Mill*, Cambridge.

Jones, H. 1978: 'Mill's argument for the principle of utility'，*Philosophy and Phenomenological Research 38.*

Kagan, S. 1992: 'The limits of well-being'，in F.Miller, E.F.Paul and J. Paul （eds），*The Good Life and the Human Good*, Cambridge.

Kant, I.1785: *Groundwork of the Metaphysics of Morals*, mod. edn. trans.L.W.Beck, 2nd edn, Upper Saddle River, NJ, 1995.

Kleinig, J. 1970: 'The fourth chapter of Mill's *Utilitarianism', Australian Journal of Philosophy 48.*

Kretzmann, N. 1958: 'Desire as proof of desirability'，*Philosophical Quarterly 8.*

Kupperman, J. 1978: 'Do we desire only pleasure?'，*Philosophical Studies 34.*

Locke, J. 1690: *An Essay Concerning Human Understanding,* London；mod. edn ed. P.H.Nidditch, Oxford, 1975.

Long, R. 1992: 'Mill's higher pleasures and the choice of character'，*Utilitas 4.*

Lutz, A. 1940: *Created Equal: A Biography of Elizabeth Cady Stanton*, New York.

Lyons, D. 1965: *The Forms and Limits of Utilitarianism*, Oxford.

Lyons, D. 1976: 'Mill's theory of morality'，*Nous 10.*

Lyons, D. 1977: 'Human rights and the general welfare'，*Philosophy and Public Affairs 6.*

Lyons, D. 1978: 'Mill's theory of justice'，in A.Goldman and J.Kim （eds），*Values and Morals*, Dordrecht.

Lyons, D. 1979: 'Liberty and harm to others'，in W.E.Cooper K.Nielsen and S.C.Patten （eds），*New Essays on John Stuart Mill, Canadian Journal of Philosophy,* suppl. vol. 5.

Lyons, D. 1982: 'Benevolence and justice in Mill'，in H.B.Miller and W.H.Williams （eds），*The Limits of Utilitarianism*, Minneapolis.

Lyons, D. 1994: *Rights, Welfare, and Mill's Moral Theory*, Oxford.

Mabbott, J.D. 1956: 'Interpretations of Mill's *Utilitarianism*', *Philosophical Quarterly 6.*

McCloskey, H.J. 1957: 'An examination of restricted utilitarianism', *Philosophical Review 66.*

McCloskey, H.J. 1963: 'Mill's liberalism', *Philosophical Quarterly 13.*

McCloskey, H.J. 1970: 'Liberty of expression: its grounds and limits (I)', *Inquiry 13.*

McCloskey, H.J. 1971: *John Stuart Mill: A Critical Study*, London.

Mackie, J.L. 1977: *Ethics,* Harmondsworth.

Mandelbaum, M. 1968: 'Two moot issues in Mill's *Utilitarianism*', *Journal of the History of Philosophy 6.*

Marshall, J. 1973: 'The proof of utility and equity in Mill's *Utilitarianism*', *Canadian Journal of Philosophy 3.*

Martin, R. 1972: 'A defence of Mill's qualitative hedonism', *Philosophy 47.*

Martineau, J. 1885: *Types of Ethical Theory*, Oxford.

Mayerfeld, J. 1997: *The Morality of Suffering*, Oxford.

Mendus, S. 1989: 'The marriage of true minds: the ideal of marriage in the philosophy of John Stuart Mill', in S.Mendus and J.Rendall (eds), *Sexuality and Subordination*, London.

Mill, J.S. 1961–91: *Collected Works,* 33 vols, ed. J.Robson, Toronto.

Mill, J.S. 1997: *Utilitarianism,* ed. R.Crisp, Oxford.

Mill, J.S. and H.T.Mill 1970: *Essays on Sex Equality*, ed. A.S.Rossi, Chicago.

Miller, D. 1976*: Social Justice*, Oxford.

Miller, H.B. and W.H.Williams (eds) 1982: *The Limits of Utilitarianism, Minneapolis.*

Millett, K. 1970: *Sexual Politics,* London.

Mitchell, D. 1970: 'Mill's theory of value', *Theoria 36.*

Monro, D.H. 1970: 'Liberty of expression: its grounds and limits (II)', *Inquiry 13.*

Moore, A. 1991: *A Theory of Well-Being*, D.Phil, thesis, Oxford.

Moore, G.E. 1903*: Principia Ethica*, Cambridge.

Moser, S. 1963: 'A comment on Mill's argument for utilitarianism', *Inquiry 6.*

Nagel, T. 1986: *The View from Nowhere,* New York.

Nakhnikian, G. 1951: 'Value and obligation in Mill', *Ethics 62.*

Nelson, M. 1991: 'Utilitarian eschatology', *American Philosophical Quarterly 28.*

Nielsen, K. 1973: 'Monro on Mill's "third howler"', *Australian Journal of Philosophy*

51.

Nozick, R. 1974: *Anarchy, State, and Utopia*, Oxford.

Okin, S.M. 1979: *Women in Western Political Thought,* Princeton.

Oldenquist, A. 1982: 'Loyalties', *Journal of Philosophy 79.*

Packe, M. 1954: *The Life of John Stuart Mill*, London.

Parfit, D. 1984: *Reasons and Persons*, Oxford.

Persson, I. 1992: *The Retreat of Reason—A Dilemma in the Philosophy of Life*, unpublished typescript, Lund.

Plato c. 390 BC: *Gorgias*, standard Greek edn ed. J.Bywater, Oxford, 1902；mod. edn trans. T.Irwin, Oxford, 1979.

Plato c. 380 BC: *Republic*, standard Greek edn ed. J.Bywater, Oxford, 1902；mod. edn trans. G.M.A.Grube, rev. C.D.Reeve, Indianapolis, 1992.

Plato c. 360 BC: *Philebus*, standard Greek edn ed. J.Burnet, Oxford, 1901；mod. edn trans. J.Gosling, Oxford, 1975.

Prichard, H.A. 1912: 'Does moral philosophy rest on a mistake?', *Mind 21.*

Prior, A.N. 1949: *Logic and the Basis of Ethics*, Oxford.

Putnam, H. 1981: *Reason, Truth, and History*, Cambridge.

Quinton, A. 1973: *Utilitarian Ethics,* London.

Railton, P. 1984: 'Alienation, consequentialism, and the demands of morality', *Philosophy and Public Affairs 13.*

Raphael, D.D. 1955: 'Fallacies in and about Mill's *Utilitarianism', Philosophy 30.*

Raphael, D.D. 1994: 'J.S.Mill's proof of the principle of utility', *Utilitas 6.*

Rashdall, H. 1907: *The Theory of Good and Evil,* Oxford.

Rawls, J. 1955: 'Two concepts of rules', *Philosophical Review 64.*

Rawls, J. 1971: *A Theory of Justice*, Cambridge, Mass.

Raz, J. 1986: *The Morality of Freedom*, Oxford.

Rees, J.C. 1960: 'A re-reading of Mill on liberty', *Political Studies 8.*

Rees, J.C. 1985: *John Stuart Mill's On Liberty*, Oxford.

Riley, J. 1988: *Liberal Utilitarianism,* Cambridge.

Riley, J. 1991a: 'One very simple principle', *Utilitas 3.*

Riley, J. 1991b: 'Individuality, custom, and progress', *Utilitas 3.*

Riley, J. 1993: 'On quantities and qualities of pleasure', *Utilitas 5.*

Robinson, D.N. 1982: *Toward a Science of Human Nature: Essays on the Psychologies of Mill, Hegel, Wundt, and James*, New York.

Robinson, D.N. 1995: *An Intellectual History of Psychology*, 3rd edn, Madison, Wisconsin.

Rossi, A.S. 1970: 'Sentiment and intellect: the story of John Stuart Mill and Harriet Taylor', introduction to J.S.Mill and H.T.Mill, *Essays on Sex Equality*, ed. A.S.Rossi, Chicago.

Ryan, A. 1965: 'J.S.Mill's art of living', *The Listener 74*; repr. in J.Gray and G.W.Smith (eds), *On Liberty in Focus*, London, 1991.

Ryan, A. 1966: 'Mill and the naturalistic fallacy', *Mind 75*.

Ryan, A. 1970: *The Philosophy of John Stuart Mill*, London.

Ryan, A. 1974: *J.S.Mill*, London.

Ryan, A. (ed.) 1993: Justice, Oxford.

Sartorius, R. 1975: *Individual Conduct and Social Norms*, Encino, California.

Scanlon, T. 1993: 'Value, desire, and quality of life', in M.Nussbaum and A.Sen (eds), *The Quality of Life,* Oxford.

Scheffler, S. 1982: *The Rejection of Consequentialism*, Oxford.

Schneewind, J.B. 1977: *Sidgwick's Ethics and Victorian Moral Philosophy,* Oxford.

Schwartz, T. 1982: 'Human welfare: what it is not', in H.B.Miller and W.H.Williams (eds), *The Limits of Utilitarianism,* Minneapolis.

Sen, A. 1980–1: 'Plural utility', *Proceedings of the Aristotelian Society 81*.

Sen, A. and B.Williams (eds) 1982: *Utilitarianism and Beyond,* Cambridge.

Seth, J. 1908: 'The alleged fallacies in Mill's "Utilitarianism"', *Philosophical Review 17*.

Shanley, M.L. 1991: 'Marital slavery and friendship: John Stuart Mill's *The Subjection of Women*', in M.L.Shanley and C.Pateman (eds), *Feminist Interpretation and Political Theory*, Cambridge.

Sidgwick, H. 1907: *The Methods of Ethics*, 7th edn, London.

Simmons, A.J. 1982: 'Utilitarianism and unconscious utilitarianism', in H.B.Miller and W.H.Williams (eds) *The Limits of Utilitarianism,* Minneapolis.

Singer, M.G. 1955: 'Generalization in ethics', *Mind 64*.

Singer, P. 1972: 'Is act-utilitarianism self-defeating?', *Philosophical Review 81*.

Skorupski, J. 1985: 'The parts of happiness', *Philosophical Books 26.*

Skorupski, J. 1989: *John Stuart Mill*, London.

Skorupski, J. (ed.) 1997: *Cambridge Companion to Mill*, Cambridge.

Smart, J.J.C. 1956: 'Extreme and restricted utilitarianism', *Philosophical Quarterly 6* ; rev. in P.Foot (ed.), *Theories of Ethics,* Oxford, 1967.

Smart, J.J.C. 1973: 'An outline of a system of utilitarian ethics', in J.J.C. Smart and B.Williams, *Utilitarianism For and Against,* Cambridge.

Smith, A. 1759: *A Theory of the Moral Sentiments*, London ; mod. edn ed. D.D.Raphael and A.L.Macfie, 2nd edn, Oxford, 1979.

Smith, G.W. 1991: 'Social liberty and free agency: some ambiguities in Mill's conception of freedom', in J.Gray and G.W.Smith (eds), *On Liberty in Focus,* London.

Smith, S.A. 1996: 'Future freedom and freedom of contract', *Modern Law Review 59.*

Spence, G.W. 1968: 'The psychology behind Mill's "proof"', *Philosophy 43.*

Sprigge, T.L.S. 1988: *The Rational Foundations of Ethics*, London.

Stephen, J.F. 1874: *Liberty, Equality, Fraternity,* 2nd edn ; mod. edn ed.

S.D.Warner, Indianapolis, 1993.

Stocker, M. 1969: 'Mill on desire and desirability', *Journal of the History of Philosophy 7.*

Stocker, M. 1976: 'The schizophrenia of modern ethical theory', *Journal of Philosophy 73.*

Stove, D. 1993: 'The subjection of John Stuart Mill', *Philosophy 68.*

Strasser, M. 1984: 'Mill and the utility of liberty', *Philosophical Quarterly 34.*

Sumner, L.W. 1974: 'More light on the later Mill', *Philosophical Review 83.*

Sumner, L.W. 1979: 'The good and the right', in W.E.Cooper, K.Nielsen and S.C.Patten (eds), *New Essays on John Stuart Mill, Canadian Journal of Philosophy,* suppl. vol. 5.

Sumner, L.W. 1981: *Abortion and Moral Theory,* Princeton.

Sumner, L.W. 1992: 'Welfare, happiness, and pleasure', *Utilitas 4.*

Ten, C.L. 1980: *Mill On Liberty*, Oxford.

Thomas, W. 1985: *Mill*, Oxford.

Tocqueville, A.de 1848: *Democracy in America,* 12th edn ; mod. edn trans. P.Bradley, ed. A.Ryan, London, 1994.

Urbinati, N. 1991: 'John Stuart Mill on androgeny and ideal marriage', *Political Theory*

19.

Urmson, J.O. 1953: 'The interpretation of the moral philosophy of J.S. Mill', *Philosophical Quarterly 3*.

Vallentyne, P. 1993: 'Utilitarianism and infinite utility', *Australasian Journal of Philosophy 52*.

Varouxakis, G. 1995: *John Stuart Mill on French Thought, Politics, and National Character*, Ph.D.thesis, London.

Warnock, M. 1960: *Ethics Since 1900*, Oxford.

Watkins, J. 1966: 'John Stuart Mill and the liberty of the individual', in D.Thomson(ed.), *Political Ideas*, Harmondsworth.

Wellman, C. 1959: 'A reinterpretation of Mill's proof, *Ethics 69*.

West, H.R. 1972: 'Reconstructing Mill's "proof" of the principle of utility', *Mind 81*.

West, H.R. 1975: 'Mill's naturalism', *Journal of Value Inquiry 9*.

West, H.R. 1976: 'Mill's qualitative hedonism', *Philosophy 51*.

West, H.R. 1982: 'Mill's "proof" of the principle of utility', in H.B. Miller and W.H.Williams（eds）, *The Limits of Utilitarianism*, Minneapolis.

Williams, B. 1973a: 'Egoism and altruism', *in Problems of the Self, Cambridge.*

Williams, B. 1973b: 'A critique of utilitarianism', in J.J.C.Smart and B. Williams, *Utilitarianism For and Against*, Cambridge.

Williams, B. 1976: 'Persons, character, and morality', in A.O.Rorty（ed.），

The Identities of Persons, Berkeley；repr. in B.Williams, *Moral Luck,* Cambridge, 1981. Page numbers refer to the latter.

Williams, B. 1976: 'Moral luck', *Proceedings of the Aristotelian Soceity,* suppl. vol. 50；repr. in B.Williams, *Moral Luck,* Cambridge, 1981.

Williams, B. 1981: *Moral Luck*, Cambridge.

Williams, B. 1985: Ethics and the Limits of Philosophy, London.

Williams, B. 1995: 'Replies', in J.E.J.Altham and R.Harrison（eds）, *World, Mind, and Ethics: Essays on the Ethical Philosophy of Bernard Williams*, Cambridge.

Williams, G. 1976: 'Mill's principle of liberty', *Political Studies* 24.

Williams, G. 1996: 'The Greek origins of J.S.Mill's happiness', *Utilitas 8*.

Wilson, F. 1982: 'Mill's proof that happiness is the criterion of morality', *Journal of Business Ethics 1*.

Wilson, F. 1983: 'Mill's "proof" of utility and the composition of causes', *Journal of Business Ethics 2*.

Wolfenden 1959: *The Wolfenden Report*, London.

Wolff, J. 1997: 'Mill, indecency, and the liberty principle', *Utilitas 9*.

Wollheim, R. 1973: 'John Stuart Mill and the limits of state action', *Social Research 40*.

索 引

（本书索引词条后数字为原书页码，即本书边码）

A

accomplishment 50—1，62

actualism and 实际论

  probabilism 与或然论 99—101

agent-relativity 与行为者相关 145—6

alienation 疏离 143—6

Aristotle 亚里士多德 1，25，38—9，41，49，58，68，81，87—9，198

Art of Life 生活的艺术 119—24，149

associationism 联想主义 2，85—7

Austin，J. 奥斯汀 4

authenticity 本真性 47—51

authoritarianism 权威主义 63

autonomy 自治 147—8，196，213

awareness 意识 63—4

B

Bacon，F. 培根 10

beneficence 慈善 20

Bentham，J. 边沁 2—5，10，13，79，104；

empiricism of 经验主义的 12；

on sanctions 论约束力 91；

theory of welfare of 福利理论 20—5，27—8，33—4，59

Berlin，I. 伯林 198

Burrow，H. 伯罗 2

Butler，J. 巴特勒 91

C

cardinality 基数 22，30—1

Carlyle，T. 卡莱尔 3，21，23，30

character 品格 11—12，97

coherentism 融贯论 57

Coleridge，S.T. 柯勒律治 3，25

composition，fallacy of 组合谬误 78

Comte，A. 孔德 3

Copp，D. 科帕 127

D

demandingness of morality 道德的苛求 113—15，146—9

desert 应得 157，164，175—6，212

desires，irrational 非理性的欲望 57

Dicey，A.V. 戴西 6

Dickens，C. 狄更斯 150

discontinuity 非连续性 30—1，38—9

Disraeli，B. 迪斯累利 7

Dryer，D.P. 德赖尔 127

duty 职责 12，90—3，126—32，162—7

E

East India Company 东印度公司 4，14

Edinburgh，University of 爱丁堡大学 1

egoism 利己主义 77—80，88—9，135

emotions，moral 道德感情 149—52

empiricism 经验主义 2，6，11—12，36，
69，71，75，208

enjoyment requirement 乐趣要求 35

Enlightenment 启蒙 3

Epicurus 伊壁鸠鲁 25

equality 平等 157，161，169，201—15

experience，veridical and non-veridical 真实
的与非真实的经验 45—51

F

family 家庭 207，209—10，215

felicific calculus 幸福计量学 22

feminism 女性主义 5，16

Finnis，J. 芬尼斯 60

focus of moral theories 道德理论的聚焦点
97—9

Fox，C. 福克斯 6

Fraser's Magazine 弗雷泽杂志 7

freedom of speech 言论自由 189—95

friendship 友谊 59—60

G

Gladstone，W. 格莱斯顿 7

Godwin，W. 戈德温 145

Gradgrind 葛擂梗 150

Gray，J. 格雷 128

greatest happiness principle 最大幸福原则
2，25，79

H

happiness 幸福 11—12，72—7，83—8

harm 伤害 164，179—82

Hart，H.L.A. 哈特 179

hedonism 快乐主义 15—16，21—49；
full ~ 完全快乐主义 26，48，52，77；
psychological ~ 心理快乐主义 88—9

Hobbes，T. 霍布斯 160

Humboldt，W. von 洪堡 3，198

Hume，D. 休谟 55

I

impartiality 不偏不倚 79—83，92，135，157，
161，170，214—15

indecency 有伤风化 184—5

individuality 个性 195—9

inductivism 归纳主义 8—9，11，69

infinite utility 无限功利 101

informed preference test 知情偏好测试 29
—30，48

integrity 完整性 16，135—53

intention 意图 100

intuitionism (intuitivism) 直觉主义 8—9, 11, 69—70, 125—6, 132

J

justice 正义 12—13, 16, 126, 155—71, 198—9, 204—5, 211—12

K

Kant, I. 康德 1, 67—8, 91

L

liberalism 自由主义 16, 57, 173—99
liberty principle 自由原则 174
Locke, J. 洛克 2
London Debating Society 伦敦辩论社 5
Lyons, D. 莱昂斯 127, 164

M

Marmontel, J.F. 马蒙泰尔 3
maximization 最大化 20, 40, 122;
constraints on 约束 139—40
Mill, James 詹姆斯·密尔 1—5, 13, 59
Mill, John Stuart: 约翰·斯图亚特·密尔
　Aristotelianism of 亚里士多德主义的 3;
　democracy and 民主 42;
　election to Parliament of 议会选举 6—7;
　empiricism of 经验主义 6, 11, 36, 69, 71, 208;
　ethical writings of 伦理论著 7—13;
　feminism of 女性主义 5, 201—15;
　hedonism of 快乐主义 25—8, 32—5, 45, 88;

　intuitionism of 直觉主义 82—3, 125—6, 132;
　levels of moral discourse of 道德话语的层次 111—12, 119—24;
　liberalism of 自由主义的 174—5; life of 2—7;
　naturalism of 自然主义的 69, 74—5, 83, 167;
　phenomalism of 现象主义的 47;
　and socialism 社会主义的 5;
　and utilitarianism 功利主义 4, 7—17, 95—133;
　welfarism of 福利主义的 122—3
Milton, J. 弥尔顿 190
Moore, G.E. 摩尔 58—60, 73—5, 84
moral sense 道德感 69
morality, origin of 道德起源 126—32, 157—8, 168, 202—3
motivation, moral 道德动机 12
myth 神话 192

N

naturalism 自然主义 69, 74—5, 83, 167
naturalistic fallacy 自然主义谬误 73—4
negative freedom 消极自由 198
negative responsibility 消极责任 140
Nozick, R. 诺齐克 51

O

open question argument 未决问题论证 73—4
ordinality 序数 31—2

P

paternalism 家长制 174—5, 182—3

perfect and imperfect 完全与不完全义务
obligations 158, 162—7

persons, separateness of 人的分离性 136,
169—71

phenomenalism 现象主义 47

Philosophical Radicals 哲学激进分子 5

philosophy, history of 哲学史 15

Plato 柏拉图 25, 58, 77

pleasure (s) 快乐 20, 26—8, 49, 58—
60;

and enjoyment 与乐趣 26—8;

higher and lower 更高的与更低的 12,
28—42, 92, 199;

instances and kinds of 个体情况与种类 39
—40, 64;

measurement of 衡量 21—3; as
sensation 作为感觉的 35, 47

practical reason 实践理性 60—2, 119—
24, 170

practical wisdom 实践智慧 39, 64, 170

praise and blame 赞扬与责备 131, 141, 186

prudence 审慎 20

punishment, origins of morality 惩罚, 道德
的起源 126—32, 157—8, 203

R

Rawls, J. 罗尔斯 13

rhetoric, ethical 伦理修辞 13—15

Ricardo, D. 李嘉图 3

rightness, subjective and objective 主观正确
与客观正确 100—1

rights 权利 158—9, 161—9, 181

romanticism 浪漫主义 25

Rousseau, J.—J. 卢梭 176—7

rule-worship 规则崇拜 117—19

S

Saint Simon, C.H. de R. 圣西门 3

sanctions 约束力 12, 16, 90—3

secondary principles 次要原则 9—11, 13,
105—12, 119—24, 159, 175, 201—2

Sedgwick, A. 塞奇威克 8, 13

Sidgwick, H. 西季威克 9, 89, 100

slavery 奴隶 185—6, 202—6

socialism 社会主义 5

Socrates 苏格拉底 98

Spencer, H. 斯宾塞 79

Stanton, E.G. 斯坦顿 211

Stephen, J.F. 斯蒂芬 206

Stoicism 斯多葛派 148—9

Stuart, Sir John 约翰·斯图亚特爵士 1
—3

supererogation 分外之行 125—6

T

Taylor, H. 泰勒 5, 206, 212, 214

Taylor, J. 泰勒 5

teleology 目的论 80—2

tendencies 倾向 103—5, 108, 117

Tocqueville, A. de 托克维尔 3, 42, 160,
177, 198

tyranny of the majority 多数者暴政 177—8

U

understanding　理解　60—1

Urmson，J. 厄姆森　102—5，109

Utilitarian Society　功利主义社团　4—5

utilitarianism　功利主义　2，17，215；act and rule ~ 行动功利主义与规则功利主义 102—5，116—17；focus of ~ 功利主义的聚焦点 97—9；intuitionism and ~ 直觉主义与功利主义 9；proof of ~ 功利主义的证明 11，15—16，33—4，67—94；~ and responsibility 功利主义与责任 139—42；~ and the self 功利主义与自我 142—3；utility and ~ 功利与功利主义 19—20

Utilitarianism，interpretation of 功利主义与功利主义的解释　13—15

utility　功利　19—20

V

virtue ethics　美德伦理　68

W

welfare　福利　19—65；aggregation of ~ 加总 78，80—3；desire account of ~ 福利的欲望阐论 51—7；economics ~ 福利经济学 57；ethics and ~ 伦理学与福利 19—20；experience account of ~ 福利的经验阐论 21，45—8；ideal account of ~ 福利的理想阐论 58—65；lexical view of ~ 福利的词序观 40；of plants ~ 植物的福利 64—5

Westminster Review　威斯敏斯特评论　5

Whewell，W. 胡威立　10，12，83

Williams，B. 威廉斯　136—52

Wolfenden Report　沃尔芬登报告　179

Wordsworth，W. 华兹华斯　3，25

译 后 记

作为当今牛津大学哲学系中研究伦理学的代表人物，罗杰·克里斯普教授不仅在功利主义和美德伦理方面建树颇丰，而且长期担任牛津大学实践伦理学研究中心的负责人。本书的合译者刘科曾于2017—2018年在牛津大学哲学系访学，当时的合作导师就是克里斯普教授。克里斯普教授为人谦和，治学严谨，不仅对译者访学期间的学业和生活关怀有加，而且在其后的几年中也常与译者讨论各种学术问题。对于本书的中译本，克里斯普教授不仅拨冗撰写了中译本序言，还耐心地回答了不少翻译上的疑问。在此，译者深表谢意。

此外，该书的出版得到了以方松华研究员为首席专家的上海社会科学院创新工程和创新团队的资助，在此要特别感谢上海社会科学院哲学研究所方松华所长的大力支持。同时，也感谢西南大学哲学系毛兴贵教授和人民出版社武丛伟编辑的帮助。

最后需要说明的是，此书是上海市哲学社会科学一般项目"当代英美功利主义研究（2018BZX004）"的阶段性成果，由马庆、刘科合译完成。刘科翻译了第一、二、三、九章的初稿，马庆翻译了其余部分，并统稿全书。

译事无止境，何况译者学力有限，译本定有错误不妥之处，恳请方家不吝赐教。

译者

2021 年 5 月

责任编辑：武丛伟

封面设计：王欢欢

图书在版编目（CIP）数据

密尔论功利主义 /（英）罗杰·克里斯普（Roger Crisp）著；
　马庆，刘科译 . — 北京：人民出版社，2023.4
书名原文：Mill on Utilitarianism
ISBN 978－7－01－025410－4

I. ①密… 　 II. ①罗…②马…③刘… 　 III. ①功利主义－研究 　 IV. ① B82-064

中国国家版本馆 CIP 数据核字（2023）第 041229 号

密尔论功利主义
MI'ER LUN GONGLIZHUYI

［英］罗杰·克里斯普（Roger Crisp）　著

马 庆　刘 科　译

人民出版社 出版发行
（100706　北京市东城区隆福寺街 99 号）

北京汇林印务有限公司印刷　新华书店经销

2023 年 4 月第 1 版　2023 年 4 月北京第 1 次印刷
开本：710 毫米 ×1000 毫米 1/16　印张：15.25
字数：201 千字

ISBN 978－7－01－025410－4　定价：68.00 元

邮购地址 100706　北京市东城区隆福寺街 99 号
人民东方图书销售中心　电话（010）65250042　65289539